U0327833

中國建築藝術全集

中國美術分類全集

7

明代陵墓建築

中國建築藝術全集編輯委員會 編

《中國建築藝術全集》編輯委員會

主任委員

周干峙　建設部顧問、中國科學院院士、中國工程院院士

副主任委員

王伯揚　中國建築工業出版社編審、副總編輯

委員（按姓氏筆劃排列）

侯幼彬　哈爾濱建築大學教授

孫大章　中國建築技術研究院研究員

陸元鼎　華南理工大學教授

鄒德儂　天津大學教授

楊嵩林　重慶建築大學教授

楊穀生　中國建築工業出版社編審

趙立瀛　西安建築科技大學教授

潘谷西　東南大學教授

樓慶西　清華大學教授

盧濟威　同濟大學教授

本卷主編

明十三陵特區辦事處

執行主編

王其亨（天津大學教授）

攝影

張振光（中國建築工業出版社）

王其亨

凡例

一　《中國建築藝術全集》共二十四卷，按建築類別、年代和地區編排，力求全面展示中國古代建築藝術的成就。

二　本書為《中國建築藝術全集》第七卷『明代陵墓建築』。

三　本書圖版按照帝陵和藩王墳兩大類，并分别按墓主年代依次編排，詳盡展示了明代陵墓建築藝術的杰出成就。

四　卷首載有論文《明代陵墓建築藝術概論》，概要論述了明代陵墓建築的禮制特色和藝術成就。在其後的圖版部分精選了二百幅精美照片，每幅照片均有簡要的文字説明。

目錄

明代陵墓建築藝術概論

一 緒論：明代陵墓及其藝術成就

中國古代陵墓建築的發展，曾經深受儒家思想的影響。長期以來，基于『慎終追遠，民德歸厚』以及『禮者，謹于治生死者也』等觀念，陵墓建築實際被視為『禮之具』即禮制的重要載體，并强烈凸現出『禮辯异』即等級森嚴尊卑分明的特色。另一方面，如《荀子・禮論》指出，喪葬祭祀之『禮』，還在于『致隆思慕之義』和『志意思慕之情』；《大戴禮・盛德》也强調：『喪祭之禮，所以教仁愛也……致思慕之心也。』陵墓建築竭力追求和刻意彰顯的場所精神，就像漢儒鄭玄注釋《周禮・墓大夫》時明確指出的那樣：『墓，冢塋之地，孝子所思慕之處。』也就是劉熙《釋名・釋喪制》定義性詮釋的：『墓，慕也；孝子思慕之處也。』事實上，在中國古代的建築體系中，陵墓就是具有禮制特徵的紀念性建築。

在這種取向下，陵墓建築的經營意象，典型如東漢蔡邕《獨斷》所說：『喪禮者，以生者飾死者也，大象其生以送其死也。……故壙壠，其貌像宮室也。』尤其是帝王陵寢，『古學以為人君之居，前有朝，後有寢；終則前制廟以像朝，後制寢以像寢。……故今陵上稱寢殿，有起居、衣冠、象生之備。』實際上往往是以宮殿建築為原型，作為國家最重大的工程而不遺餘力地經營，形成氣勢恢宏而又莊嚴肅穆的大規模建築組群。

與此同時，也正如風水名著《管氏地理指蒙》强調：『葬者，反本而歸藏也，奉先以配五土，而一體于青山。』『配祀者，遺骨与青山相配，從而祀之。』中國古代陵墓建築的藝術追求，浸潤了『天人合一』的文化精神，凝聚了『比德』山水的審美理想，還十分講究同山水勝景有機結合，從選址、規劃設計到營造，通常都要按照被稱為『山水之術』和『理義之術』的風水理論縝密地進行，力圖使陵墓的環境氛圍，在建築人文美同山水自然美的和諧交融和相互輝映中，顯現出生生不息、永恒偉大，臻向《詩經》所贊頌的『高山仰止，景行行止』的雋永而崇高的境界。其中，帝王陵寢還徑直稱為山陵、陵山或壽山，形成了『築陵以象山』、『因山為陵』或『依山為陵』的傳統。

中國古代陵墓建築數千年延綿不輟的發展，形成了文化內涵深厚、造詣精湛的獨特藝術風格。在這一進程中，明代的陵墓建築全面繼承和發展了歷史傳統，既在禮制上形成了時代特色鮮明的嚴整體系，也在建築藝術、尤其是大規模建築組群同山水勝景結合的藝術創作上，取得了非凡成就，還留下了豐富的建築遺存，并且直接影響了清代陵墓建築的發展。

（一）稽古創制的明代陵墓及其禮制特色

正如《明史·禮志》指出，明太祖朱元璋在開國初期，為了强化專制統治，標榜『孝治天下』，『他務未遑，首開禮、樂二局，廣徵耆儒，分曹究討』，在竭力整飭喪葬禮儀的同時，還『稽古創制』，建構了等級森嚴的陵墓建築制度，包括皇帝、皇族、職官以至庶民等各個社會層次的陵墓建築規制，納為國家典章制度的重要組成。在這個基礎上，經過後嗣皇帝進一步調整和充實，最終形成了嚴整的陵墓建築制度體系。

這一體系中，皇帝的陵寢居于至尊地位，皇后則祔葬其中。按照『歷代諸陵皆有名號』的傳統，各帝陵都要專門薦名：皇帝生前預建的陵寢暫稱壽陵、壽宮或壽山，到帝后安葬前正式命名。如《明光宗實錄》記載萬曆四十八年（一六二〇年）八月壬子，在明神宗朱翊鈞及皇后安葬前，嗣皇帝明光宗朱常洛『欽定新陵名曰定陵。閣擬四名以進，上所擇也』。

從明太祖朱元璋開國到明思宗朱由檢亡明的二七七年間，明代共十六朝在位皇帝中，除了明惠帝朱允炆在明成祖朱棣爭奪帝位的『靖難之役』中失踪，没有陵寢，其他皇帝都分別建有陵寢与皇后合葬。此外，朱元璋為父母和三代祖追封帝后尊號，還經營了皇陵和祖陵；明世宗朱厚熜由藩王繼統以後，也追尊父母為帝后并改建原有王墳為顯陵。這樣，明代實際共建有十八座帝陵，分布在安徽鳳陽、江蘇盱眙和南京、北京以及湖北鍾祥等地；其中明成祖朱棣的長陵等十三座帝陵集中薈萃在北京昌平天壽山群峰下，統稱為明十三陵，繼承了宋代陵寢聚匯在同一兆域的傳統，成為歷史上最宏大的陵寢建築群，呈現為明代帝陵制度的一個重要特點。明代十八座帝陵的概況見下表：

陵名	皇帝	年號	廟號	謚號	世系	在位時間	祔葬	建始時間	地點
祖陵	朱百六 朱四九 朱初一		德祖 懿祖 熙祖	玄皇帝 恒皇帝 裕皇帝	朱元璋高祖 朱元璋曾祖 朱元璋祖父	（皇帝尊號均為朱元璋追封）		洪武十九年（一三八六年）八月甲辰	江蘇盱眙縣洪澤湖西岸楊家墩
皇陵	朱世珍		仁祖	淳皇帝	朱元璋父親	（皇帝尊號為朱元璋追封）	淳皇后陳氏	洪武二年（一三六九年）二月乙亥	安徽鳳陽縣城西南
孝陵	朱元璋	洪武	太祖	高皇帝		一三六八年至一三九八年	孝慈皇后馬氏	洪武九年（一三七六年）正月壬午	江蘇南京鍾山玩珠峰南麓獨龍崗
長陵	朱棣	永樂	成祖	文皇帝	朱元璋四子	一四〇三年至一四二四年	仁孝皇后徐氏	永樂七年（一四〇九年）五月己卯	北京昌平縣西北天壽山主峰南麓
獻陵	朱高熾	洪熙	仁宗	昭皇帝	朱棣長子	一四二五年	誠孝皇后張氏	洪熙元年（一四二五年）七月戊寅	北京昌平長陵西側黄山南麓
景陵	朱瞻基	宣德	宣宗	章皇帝	朱高熾長子	一四二六年至一四三五年	孝恭皇后孫氏	宣德十年（一四三五年）正月癸未	北京昌平長陵迤東黑山西南麓
裕陵	朱祁鎮	正統 天順	英宗	睿皇帝	朱瞻基長子	一四三六年至一四四九年 一四五七年至一四六四年	孝莊皇后錢氏 孝肅皇后周氏	天順八年（一四六四年）二月丙戌	北京昌平獻陵西北石門山南麓
景泰陵	朱祁鈺	景泰	代宗	景皇帝	朱瞻基次子	一四五〇年至一四五七年	貞惠皇后汪氏	天順元年（一四五七年）五月	北京西山金山口
茂陵	朱見深	成化	憲宗	純皇帝	朱祁鎮長子	一四六五年至一四八七年	孝貞皇后王氏 孝穆皇后紀氏 孝惠皇后邵氏	成化二十三年（一四八七年）九月乙卯	北京昌平裕陵西北聚寶山南麓

陵名	皇帝	年號	廟號	謚號	世系	在位時間	祔葬	建始時間	地點
泰陵	朱祐樘	弘治	孝宗	敬皇帝	朱見深三子	一四八八年至一五〇五年	孝康皇后張氏	弘治十八年（一五〇五年）六月戊午	北京昌平茂陵西北筆架山南麓
顯陵	朱祐杬		睿宗	獻皇帝	朱見深四子 朱厚熜父親	（皇帝尊號為朱厚熜追封）	孝獻皇后蔣氏	嘉靖六年（一五二七年）十二月丁未	湖北鍾祥東北純德山南麓
康陵	朱厚照	正德	武宗	毅皇帝	朱祐樘長子	一五〇六年至一五二一年	孝靜皇后夏氏	正德十六年（一五二一年）四月乙巳	北京昌平泰陵西南蓮花山東麓
永陵	朱厚熜	嘉靖	世宗	肅皇帝	朱祐杬長子	一五二二年至一五六六年	孝潔皇后陳氏 孝烈皇后方氏 孝恪皇后杜氏	嘉靖十五年（一五三六年）四月丙午	北京昌平長陵東南陽翠嶺西南麓
昭陵	朱載垕	隆慶	穆宗	莊皇帝	朱厚熜三子	一五六七年至一五七二年	孝懿皇后李氏 孝安皇后陳氏 孝定皇后李氏	隆慶六年（一五七二年）六月己巳	北京昌平長陵西南大峪山東南麓
定陵	朱翊鈞	萬曆	神宗	顯皇帝	朱載垕三子	一五七三年至一六二〇年	孝端皇后王氏 孝靖皇后王氏	萬曆十二年（一五八四年）十一月初六	北京昌平昭陵西北大峪山東麓
慶陵	朱常洛	泰昌	光宗	貞皇帝	朱翊鈞長子	一六二〇年	孝元皇后郭氏 孝和皇后王氏 孝純皇后劉氏	天啓元年（一六二一年）正月辛卯	北京昌平裕陵東南黄山二嶺南麓
德陵	朱由校	天啓	熹宗	哲皇帝	朱常洛長子	一六二一年至一六二七年	懿安皇后張氏	天啓七年（一六二七年）九月壬申	北京昌平永陵迤東潭峪嶺西麓
思陵	朱由檢	崇禎	思宗	愍皇帝	朱常洛五子	一六二八年至一六四四年	孝節皇后周氏 皇貴妃田氏	順治元年（一六四四年）五月辛卯	北京昌平昭陵西南錦屏山東麓

明代帝陵的建築制度歷經沿革，實際形成了四種類型。一是皇陵和祖陵，主要參照宋代陵寢制度而略有變革，屬于初始型；二是孝陵和長陵，繼承前代陵寢制度要素而鼎力更新，創立了明代特有的規制，并成為後世各帝陵的基本範型，屬于創制型；三是遜制型，包括獻陵、景陵、裕陵、泰陵、康陵、顯陵、永陵、昭陵、定陵、慶陵和德陵等絶大多數帝陵，效仿孝陵和長陵制度却又不同程度地縮減了規模，以『遜避祖陵』；四是景泰陵和思陵，分別由親王墳和貴妃墳改建形成，屬于特例型，實際也是最簡陋的明代帝陵。明代帝陵的這一發展歷程，以及由此呈現的多樣化的藝術特徵，在後面的章節中還將具體談到。

在皇帝陵寢以外，從皇帝妃嬪和皇族，包括《明史》所謂『下天子一等』的親王和郡王等藩王，以及公侯、職官，直到庶民的墓葬，則都通稱為墳，也叫墳塋、墳園或墳所，規制都各有相應的尊卑等級規定，由禮部和工部嚴格管理。這些尊卑等級的具體特徵，從《明會典・文武官員造墳總例》記載的官員墳塋制度，就可略見一斑；

墳塋規制		公侯	一品官	二品官	三品官	四品官	五品官	六品官	七品以下
塋地	周長	一百步	九十步	八十步	七十步	六十步	五十步	四十步	三十步
	墳高	二丈	一丈八尺	一丈六尺	一丈四尺	一丈二尺	一丈	八尺	六尺
	圍牆高	一丈	九尺	八尺	七尺	六尺	四尺		
石碑	碑首	螭首	螭首	麒麟	天祿辟邪	圓首	圓首	圓首	圓首
	碑首高	三尺二寸	三尺	二尺八寸	二尺六寸	二尺四寸	二尺二寸	二尺	一尺八寸
	碑身高	九尺	八尺五寸	八尺	七尺五寸	七尺	六尺五寸	六尺	五尺五寸
	碑身闊	三尺六寸	三尺四寸	三尺二寸	三尺	二尺八寸	二尺六寸	二尺四寸	二尺二寸
	碑座	龜趺	龜趺	龜趺	龜趺	方趺	方趺	方趺	方趺
	碑座高	三尺八寸	三尺六寸	三尺四寸	三尺二寸	三尺	二尺八寸	二尺六寸	二尺四寸
石像生	石人	二	二	二					
	石馬	二	二	二	二	二	二		
	石羊	二	二	二	二		二		
	石虎	二	二	二	二	二			
	石望柱	二	二	二	二	二	二		

應當指出的是，基本沿襲宋代傳統的明代官員墳塋制度，在不同時期和不同地域也往往存在差异。例如朱元璋在位時期的實例，石像生（責任編輯按：石像生一般作石象生，指以石人石獸等象徵死者生前之儀仗。惟本書作者謂，已查閱《明會典》，上作石像生，故本書從之。）中多效仿宋代規制在石馬旁配置控馬官，以後却趨于消失。另如《明會典》提到，洪武二十六年（一三九三年）朱元璋下詔『自今凡功臣故，不建享堂』，强化了官員墳同藩王以及皇帝妃嬪墳塋制度的卑尊差别；往後就像《明世宗實錄》指出，官員墳『賜葬碑亭、享堂，皆出特恩』，衹有很少實例建有享堂。而出于皇帝特恩，從嘉靖朝直到明末，不少官員墳又前所未有地建立了石牌坊；個別特例如崇禎十二年（一六三九年）建于遼寧綏中縣的朱梅墳，除了石牌坊而外，甚至還建有類似帝陵的二柱門。

在禮制上，明代陵墓建築制度鮮明映射了社會現實，專制色彩格外强烈。比如，等級最高的陵寢，實際就衹有帝陵而没有獨立的后陵。在朱元璋的孝陵，僅有十多位勛臣賜葬在陵區以外，其他帝陵更完全弃絶了漢唐以來在帝陵附近陪葬勛臣墓的傳統。更惡劣的是，朱元璋還悖離早在先秦以來就已逐漸禁絶殉葬的歷史取向，死前竟『責殉諸妃』，接踵又被明成祖朱棣等四朝皇帝效法，獨立命名的妃嬪墳也無從措置。而在明英宗朱祁鎮廢除這一殉葬制度以後，直到明末，薈萃了十三座帝陵的北京昌平天壽山陵區，也僅在西南隅建有明憲宗朱見深的万貴妃墳、明世宗朱厚熜的閻妃墳、明神宗朱翊鈞的鄭貴妃墳等很少几座皇帝寵妃的墳園。其他妃嬪則多在天壽山陵區外的金山建置墳園；其中，朱見深曾采取『十三妃始同為一墳』的合葬方式，朱厚熜又改成『九妃為一墳』即『預造五墳，墳各九數，以次葬焉』。

此外，明代陵墓制度還往往屈從皇帝的專制意志而變更，像朱厚熜自出機杼地為前朝各帝陵踵事增華，就相當典型。如嘉靖十年（一五三一年）曾改號祖陵、皇陵和孝陵山名為基運山、翔聖山和神烈山，并立碑建亭；嘉靖十三年（一五三四年）祖陵用『黄瓦更正殿廡及增設陵前石儀，与鳳陽同制』；嘉靖十五年（一五三六年）景陵『重建宮殿，增崇基構，以隆追報』；同年還改建景泰陵并擴大了規模；嘉靖十六年（一五三六年）因北京天壽山諸陵『獨長陵有功德碑，而六陵未有，無以彰顯功德』，于是獻陵、景陵、裕陵、茂陵、泰陵和康陵都分別添建了功德碑及碑亭；嘉靖十七年（一五三八年）取意『祾者，祭而受福之名也；恩者，罔極之思也』，各帝陵享殿和殿門改稱祾恩殿和祾恩門；嘉靖十九年（一五四〇年）長陵神道添建石牌坊；嘉靖二十一年（一五四二年）又在長陵祾恩門前增建碑亭；等等。此外，他還推尊父母為帝后，將湖北鍾祥原來的興獻王墳改建『如天壽山七陵之制』，并薦名為顯陵，規模雖然不及孝陵和長陵，却勝過其他大多數帝陵。而對他自己的永陵，既親卜陵址，欽准『量依長陵規制』，地宮『仿九重法宮為之』，又强調『未盡事宜，俟朕親往决之』，後來竟十多次巡視工地，以致永陵豪華精美超出孝陵和長陵；其中如《嘉靖祀典》記載，還破例增建了外羅城和重門，以備妃嬪『于外垣之内，寶山城之外，明樓之前，左右相向以次而祔。』這種格局，也成為後來神宗朱翊鈞預建定陵的先範。

至于皇帝妃嬪、親王以及郡王墳塋規制，也往往由于皇帝『特恩』而增崇。如明憲宗朱見深為他寵愛的萬貴妃經營墳園，不僅建築規制比其他妃嬪墳園隆重，還像帝陵那樣覆用了黄琉璃瓦。而明神宗朱翊鈞的胞弟潞簡王朱翊鏐，生前既以『皇室懿親』被視為『諸藩觀瞻』，死後又『賚予賻賵，備極優厚』，墳園建築格外豪華，遠遠超出其他親王墳；恩寵所及，在這以前建置的朱翊鏐次妃趙氏墳園也是『營造逾制』，甚至還參照帝陵建置了方城明樓。

（二）陵制与山水相稱：明代陵墓的藝術創作和杰出成就

同禮制直接關聯，明代陵墓的建築藝術和技術也凸現出强烈的等級差別，其中最講究而成就也最突出的，就是取型宮殿而經營的帝陵，以及參照王府制度建設的藩王墳。像康熙初《江寧府志》提到朱元璋的孝陵『寶城、明樓、御橋、孝陵殿、廊臺、墀道、戟門、文武方門、大殿門、左右方門、御河橋、欞星門、華表，多同大内制』，就强調了孝陵建築多以南京宮殿為原型。在朱棣的長陵，如清高宗弘曆《哀明陵三十韵》指出：『今觀長陵，享殿曰祾恩殿，九間重檐……規制巍煥；雖丹青剥落，而榱棟閎壯，與皇極殿相肖，為自古所無。』這座祖述孝陵享殿并与北京紫禁城皇極殿、太廟享殿類似的祾恩殿，造型端莊，體量巨大，氣勢恢弘，面寬九間達六六·六五米，五間進深達二九·一二米，柱梁斗栱采用名貴金絲楠木，黄琉璃重檐廡殿頂，三重石雕須彌座大臺基圍繞望柱欄楯，前後踏跺安設石雕丹陛等，都是最高級的形制和做法；其中三十二根重檐金柱竟是高達十二·五八米、合圍三米以上的整根金絲楠木，更為舉世罕見。

同這座我國現存規模最大、等級最高的古代殿宇相并存，還有其他衆多明代帝陵、藩王墳及官員墳建築遺存分布在全國各地，成為明代建築最重要的實物。其中，如後面有關明代帝陵建築及地宮制度、藩王墳建築制度等章節中相應談到的寶城、方城明樓、地宮、石五供、二柱門、琉璃花門、殿宇、碑亭、華表、石像生、石牌坊等豐富多采的實例，在木作、石作、瓦作以及彩畫作等方面，也都以很高的質量典型代表了明代建築藝術的發展水平和成就。

同時，應當著重指出的是，明代陵墓在大規模建築組群同自然山水結合的藝術創作上，也取得了舉世矚目的杰出成就。像德國哲學家斯賓格勒（Oswald Spengler）就指出：『中國人……由友好的大自然來引導他謁見上天與祖墳，所以沒有任何一個地方，風景會這樣真正成為建築藝術的材料。』英國科學史泰斗李約瑟（Needham Joseph）所著的《中國的科學与文明》則强調：『皇陵在中國建築形制上是一個重大的成就……它整個圖案的內容也許就是整個建築部分與風景藝術相結合的最偉大的例子。』他尤其稱頌『最大的杰作』北京明十三陵的創作構思：『在門樓上可以欣賞到整個山谷的景色，在有機的平面上深思其莊嚴的景象，其間所有的建築都和風景融匯為一體，一種人民的智慧由建築師和建築者的技巧很好地表達出來。』美國城市規劃權威培根（Edmund N.Bacon）的《城市設計》還推崇說：『建築上最宏偉的關于「動」的例子就是北京明代皇帝的陵墓。』對山水襟抱中規模宏大的建築組群布局的雋永意境，他贊嘆道：『它們的氣勢是多么壯麗，整個山谷之內的體積都利用來作為紀念死去的君王。』

事實上，明代陵墓建築取得這樣非凡的藝術成就，在得力于衆多薪火相傳、技藝卓絶的哲匠運斤成風的創造性實踐的同時，也得益于源遠流長、內涵豐富而精審的傳統建築理論，尤其是夙稱『山水之術』，實質上具有生態建築學、景觀建築學以及建築外部空間設計理論意義的傳統風水理論出神入化的實際運用；在很大程度上講，也就是傳統風水理論同陵墓選址、規劃設計和營造等各個實踐環節絲絲入扣緊密結合的必然結果。

在明代，無論庶民、職官、藩王墳塋或是皇帝陵寢的經營，在『葬者，反本而歸藏也，奉先以配五土，而一體于青山』的取向下，遵循風水選擇山水形勝之地，都是首要事務，《明會典》還為此作出了相應規定。而對皇帝陵寢的選址，當然更加縝密，典型如《明世宗實錄》記述永陵選址，禮部尚書夏言强調：『山陵事重，必須精擇。請先命文武大臣帶領欽天監官及深曉地理風水之人，外觀山形，內察地脈，務求吉兆，以為萬萬世之壽藏。待其畫圖貼說，進呈睿鑒，皇上方修謁陵之禮，因而親閱，果當聖心，然後議建舉行，斯為完全。』事實上，明代帝陵的選址，除了欽派勛輔大臣率領精諳地理風水的官員和術士進行而外，皇帝親卜吉地也是常事。像朱元璋和朱棣就曾參與自己壽陵的選勘；朱厚熜既為自己擇定了永陵，還兩度為他父親的顯陵選址；此後定陵的陵址，也是朱翊鈞多次躬親閲視後欽定的。

選擇陵墓基址的風水，常按『形勢宗』即『江西之法』進行。在明初，被朱元璋尊為『江南二儒』的宋濂、王褘和他們的摯友劉基，就都推崇并精諳形勢宗的風水，還為朱元璋卜地建都、諏吉登基，選定了孝陵基址。宋濂《游鍾山記》提到，早在至正二十一年（一三六一年）二月癸卯至乙巳，宋濂、劉基就曾赴鍾山獨龍崗考察，并特別推崇鍾山『為望秩之所宗』；《明太祖實錄》等記載，洪武二年（一三六九年）五月乙巳，劉基又侍從朱元璋巡幸鍾山，在獨龍崗確定了孝陵基址。此後，按形勢宗即江西之法選勘風水也一直延續未輟。像朱棣的長陵，据《明太宗實錄》記載，就是由禮部尚書趙羾帶領江西籍風水名師廖均卿、游朝宗等選定在北京昌平天壽山的。另外如《明世宗實錄》提到，朱厚熜也曾采納輔臣建議，『行取江西曾、楊、廖氏子孫精通地理者，卜山陵吉地』。而按《明武宗實錄》記載，明武宗朱厚照為他的皇考明孝宗朱祐樘選擇泰陵基址，也同樣采納了廷臣諫言：『亟移文江西等處，廣求術士，博訪名山；務得主勢之强、風气之聚、水土之深、穴法之正、力量之全，如宋儒朱熹所云者。』

形勢宗即江西之法的風水，正如王褘《青岩叢錄》指出：『擇地以葬，其術本于郭璞《葬書》。……後世言地理之術者，分為二宗。一曰宗廟之法，始于閩中，其源甚遠，及宋王汲乃大行；其為説，主于星卦，陽山陽向，陰山陰向，不相乖錯，純取五星八卦以定生克之理；其學浙閩傳之，而今用之者鮮。一曰江西之法，肇于贛人楊筠松、曾文遄，及賴大有、謝之逸之輩，尤精其學；其為説，主于形勢，原其所起，即其所止，以定位向，專注龍、穴、砂、水之相配，其他拘忌在所不論；其學盛行于今，大江南北無不遵之。』當然，具體選擇陵墓的『吉兆』或『吉地』，還有很多細緻講究，其中最注重的，正如《葬經》所説：『來積止聚，衝陽和陰，土厚水深，鬱草茂林。』或像《青烏子先生葬經》强調：『內氣萌生，外氣成形；内外相乘，風水自成。內氣萌生，言穴暖而生萬物也；外氣成形，言山川融結成形象也。生氣萌于內，形象成于外，實相乘也。』也就是説，要選擇山水內斂圍合、地質和生態良好而景觀優美的形勝之地，以使『葬者，反本而歸藏也，奉先以配五土，而一體于青山』；并且如同《地理天機會元》倡言：『而乃怡情山水，發其所蘊，以廣仁孝于天下後世。』

明代陵墓尤其是帝陵選址所注重的，就正是這樣的風水。典型如梁份《帝陵圖説》稱頌天壽山風水形勢：『天壽山……崇高正大，雄偉寬弘，主勢强，力量全，風氣聚，水土深厚，穴道正，昆侖以來之北干王氣所聚矣。內則蟒山盤其左，虎峪踞其右，鳳凰翥其南，黄花城、四海治擁其後；外則西有西山，東有馬蘭峪。群峰羅列，如几如屏，如拱如抱，如萬騎簇擁，如千官侍從。其東、西山口，一水流伏，如帶在腰；近若沙河、白水，遠若衛、漳，河江若大若小，莫不朝宗。』更具體的如朱翊鈞的定陵選址，《萬曆起居注》提到，輔臣們將選勘成果呈奏聖鑒説：『看得形龍山吉地一處，主山高聳，疊嶂層巒，金星肥圓，水星落脉……形如出水蓮花，案似龍樓鳳閣，内外明堂開亮，左右輔弼森嚴，且龍虎重重包裹，水口曲曲關闌，諸山皆拱，衆水來朝，誠為至尊至貴之地。又看見大峪山吉地一處，主勢尊嚴，重重起伏，水星行龍，金星結穴，左右四輔，拱顧周旋，六秀朝宗，明堂端正，砂水有情……。以上二處盡善盡美，毫無可議。』其中以風水『喝形』譬喻山水形象，所謂主山就是陵寢倚托為天然底景的山峰；金星、水星是按五行觀念來表象峰巒的圓、曲形態；輔弼、龍虎則喻指主山左右環護著陵墓的丘阜，也統稱砂或砂山；案即案山，特指陵寢前面呈現為天然對景的山巒；明堂就是山水環抱、用來安排陵寢建築的場地。而按《明神宗實錄》記載，風水格局即便是景物天成『形勢可觀』，也要『可容規制取具』或『營建稍便』，滿足陵寢建築的空間配置。此外，方位的禮制意義也不容忽視，如朱翊鈞指出：『朕遍閱諸山，惟寶山與大峪山相等，但寶山在二祖陵之間，朕不敢僭分，還用大峪山。』除了各陵寢間的統緒關係，像『坐離朝坎』即坐南向北，有悖《周易·象傳》『重明以麗乎正，乃化成天下』的象徵意義，也被認為是『方向不宜』。

選定吉地以後，在陵墓規劃建設中，還要像風水名著《管氏地理指蒙》主張的那樣：『工不曰人而曰天，務全其自然之勢，期無違于環護之妙耳。』也就是説，陵墓建築的經營，還必須因地制宜，同自然山水渾融一體，形成『仰崇橋山』的雋永紀念氛圍，臻向天人合一的崇高境界。事實上，如《明世宗實錄》記載，嘉靖朝工部尚書趙璜就明确强調：『陵制當與山水相稱，恐難概同。』《明熹宗實錄》提到，天啓朝大學士韓爌也同樣倡言：陵寢建築務須『因山增築，庶稱盡美。』明代陵墓尤其是帝陵的規劃設計，從各單體建築的形制規模到組群的布局處理，實際都細緻入微地體現了這一意向，由此導致了明代各帝陵的許多差别，而建築人文美同山水自然美水乳交融地結合，更取得了風格鮮明而造詣精湛的杰出藝術成就。

陵墓建築外部空間的規劃設計，還非常講究風水意義上『形』與『勢』及其辨証關係的組織處理。就像《管氏地理指蒙》指出：『千尺為勢，百尺為形。』『遠為勢，近為形；勢言其大者，形言其小者。』『遠以觀勢，雖略而真；近以認形，雖約而博。』又强調：『形者勢之積，勢者形之崇。』『駐遠勢以環形，聚巧形而展勢。』『于大者遠者之中求其小者近者，于小者近者之外求其遠者大者，則勢與形胥得之矣。』還主張：『勢如根本，形如蕊英；英華則實固，根遠則幹榮。』『形以勢得。無形而勢，勢之突兀；無勢而形，形之詭忒』。『勢遠形深者，氣之府也；勢促形散者，氣之衰也。』這就是說，一方面，對個體、局部、細節性的建築空間构成及其近觀效果，即所謂『形』，既要尺度宜人，還要使其藝術形象臻于豐富多采而氣韵生動。另一方面，對建築的組群布局及其遠觀效果，即所謂『勢』，更注重整體立意，結合自然環境，以連貫的程序，多視點地進行『形』的組合，既要使建築組群的整體感受具有宏大氣魄和鮮明性格，還要在時空序列中流暢展現『移步換形，相生為用』，在大小、高低、遠近、離合、主從、虛實、動靜以至快慢等種種『形』與『勢』的時空關係轉換中，使謁祭者獲得變化有致的知覺群的連續性綜合印象，强烈感受到所謂『至哉！形勢之相异也，遠近行止之不同，心目之大觀也』，最終形成豐富深刻而完整的審美體驗。

事實上，典型如明代各帝陵的空間構成，雖然格外注重表現『仰崇橋山』的意象和『非壯麗無以重威』的氣勢，却仍然依據傳統風水『形』『勢』理論，別具匠心地運用各种尺度宜人而造型精美的建築體形，進行大規模的組群布局處理，求取『聚巧形而展勢』的藝術效果，而没有以任何尺度超人的誇張來獲得藝術上的成功。在建築組群的尺度構成上，即便是規模最大的孝陵和長陵的陵宫，『積形成勢』地布置著陵寢的各主體建築和大多數輔助建築，從入口到方城明樓共三進院落的縱深，也是按照『千尺為勢』確定的。而組群中各單體建築的尺度，如面寬、進深及高度等，以及庭院的圍合，道路或建築軸綫的起止點、轉折點或交匯點等，則都以『百尺為形』的構成模數來劃分和組織。甚至尺度最大的孝陵享殿和長陵祾恩殿的面寬，也是在中軸綫左右各對稱展開『百尺』而確定的。

在這樣精審的建築設計創作意向下，經過衆多能工巧匠的精心經營，明代陵墓建築最終成為古代建築藝術的重要杰作，成為舉世矚目的『整個建築部分与風景藝術相結合的最偉大的例子』，『建築上最宏偉的關于「動」的例子』，當然也是水到渠成、勢在必然的事。

二　推陳出新的明代帝陵

明代陵墓制度以皇帝的陵寢為主體，在前後延續達兩個半世紀以上的時間裏，相繼興建了共十八座帝陵，形成了不同的類型，包括初始型的皇陵和祖陵，創制型的孝陵和長

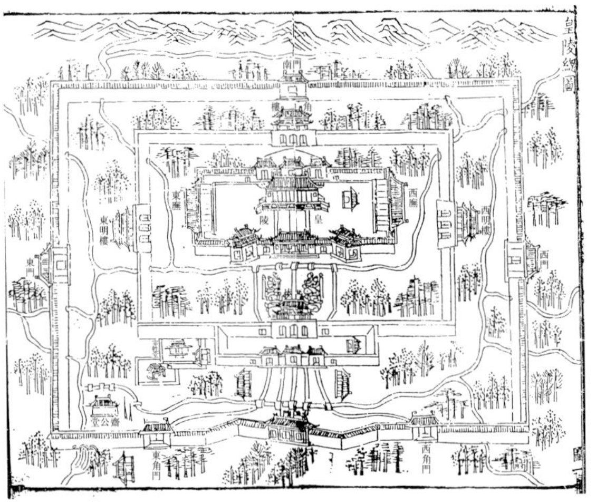

圖一　明皇陵總圖（明・柳瑛修《中都志》，萬曆四十一年本）

陵，遜制型的獻陵、景陵、裕陵、泰陵、康陵、顯陵、永陵、昭陵、定陵、慶陵和德陵等大多數帝陵，還有特例型的景泰陵和思陵。作為明代各時期國家最重大的建築工程，帝陵建設不僅規模宏大，建築等級和相應的技術藝術質量也要求最高，成為明代建築史上舉足輕重的組成部分。

（一）繼往開來的皇陵：明代帝陵的草創

皇陵為明代最早建置的帝陵，位于安徽鳳陽縣西南，是明太祖朱元璋為他父親仁祖淳皇帝朱世珍和母親淳皇后陳氏建造的陵寢，葬有朱元璋的大哥南昌王朱興隆、妃王氏，二哥盱眙王朱興盛、妃唐氏，三哥臨淮王朱興祖、妃劉氏，侄子山陽王朱聖保、招信王朱旺兒等。他們的帝、后和王、妃尊號，都是在朱元璋登基為皇帝以後追封的。

據弘治朝《中都志》等記載，朱元璋的父母和兄嫂早年貧病殞世，墓葬『衣衾棺槨不能具備』。元末至正二十六年（一三六六年）四月，自立為吳王的朱元璋返鄉省墓，曾考慮厚禮改葬，又顧忌『發祥之地，靈秀所鍾，不宜啓遷，以泄山川之氣』，于是『命故臣汪文、劉英……修飭金井、園寢，招集親鄰趙文等二十家看守』。到明朝開國，洪武二年（一三六九年）二月乙亥，即朱元璋在故鄉大規模建設中都為帝都的前期，率先按照帝王陵寢規制改建了他父母的園寢。翰林危素撰寫《皇陵碑》文，記述當時曾『積土厚封，勢若岡阜，樹以名木，列以石人、石獸，以備山陵之制』。《明太祖實錄》提到，同時還『命左丞相宣國公李善長詣陵立碑』；二月丁丑以『歷代諸陵皆有名號』欽定陵名為『英陵』；五月甲午又『更英陵曰皇陵』，『立皇陵衛以守之』。洪武七年（一三七四年）六月戊午『立皇陵祠祭署……專典祀事』。翌年四月，朱元璋『詔罷中都役作』，皇陵却增華未輟。按《明太祖實錄》及天啓朝《鳳陽新書》記載，當年十月乙未『築鳳陽皇陵城』；洪武十一年（一三七八年）四月又命『江陰侯吳良督工新造皇堂』并『督建殿宇、城垣，植冢木，立華表，樹石人石獸，勒石建亭』；還『重建皇陵碑。上以前所建碑恐儒臣有文飾，至是復親製文，命江陰侯吳良督工刻之』；直到翌年閏五月丁巳『皇陵祭殿成，命稱曰皇堂』，工程才告完竣。此後，在嘉靖十年（一五三一年）二月戊寅，明世宗朱厚熜又曾『追號皇陵山名』為翔聖山，并立碑建亭。

作為明中都規劃建設的重要組成，皇陵同中都城呼應，建築組群坐南朝北，循著中軸綫有序展開，還仿照中都城的三套方城，用皇城、磚城和外土城等三重城牆層層圍合起來（圖一）。

按《中都志》和《鳳陽新書》記載，外土城周長二十八里，四面居中各開闢一座三開間單檐頂的大門。北門稱為正紅門即皇陵正門，實際斜向東北的中都城，北城牆中段也折呈Z字形平面，東西兩邊展直并各開有一座角門。四座大門前都成對樹有警示謁陵者恭敬步行的石雕下馬牌，還對稱配置了皇陵祭祀署的官廳和皇陵衛守護人員的值房；謁陵官員駐馬休息的外值房則建在東北角門外。土城四周還分布有十三座鋪舍，供皇陵衛巡守人員值班使用。

磚城周長逾六里，高二丈，偏南建在土城中，也是四向開門，門前配置值房。四座城門都建有開通三道券門的城臺，上為五開間重檐歇山頂的城樓，稱為明樓；其中，北明樓為磚城正門，稱為紅門。紅門兩邊的城牆各設有一座角門，還向北圍出一道矩形平面的龜頭牆，居中開闢三座并列的單檐琉璃門，稱為欞星門，兩旁也各有隨牆角門。欞星門分隔在土城正紅門和磚城紅門之間，同處在皇陵的南北中軸綫上，并以神道相聯係。

神道從正紅門向南伸展，經由五座并列的紅橋即神道橋跨越一條古渠。到欞星門前，神道兩旁各建有一座朝房，東面還有神廚庫、齋宮和混堂等三組院落。神廚庫坐東向西，門內有神廚、南北神庫、宰牲廚、酒房、鼓房及天池等，供製作和儲存祭祀食品。謁陵者展祭前齋戒使用的齋宮坐北朝南，院門稱為紅門，附設東西角門，前有東西值房，南面古渠上還建有三座紅橋；院內則有正殿、穿堂、寢殿、膳厨、左右廡、中門和東西廂房等。混堂供輔助管理用，有門房、正房、水池等。另外，步入欞星門，神道西側還有具服殿、膳房和官廳等一組建築，供祭祀前後更衣、休息及進膳使用。

進入磚城紅門，神道沿皇陵中軸綫南延，兩旁列有象徵朝會儀仗的石像生群，順序是獬豸二對，石獅八對，望柱二對，石馬与左右控馬官各二對；石虎、石羊各四對；文臣、武將、宮人即太監各二對。其中獅、虎作蹲姿，羊為卧姿，其餘都是立像。石像生群南端，一條東西向的金水河橫隔神道，河上跨有五座并列的神道橋，居中的三座稱為御橋，外兩座名為左、右旁橋。圍合著陵寢主體建築的皇城，就布置在御橋南面。

皇城也稱內皇城，平面呈矩形，南北進深較短，周長七十五丈五尺，高二丈，磚砌并抹飾紅泥，南北兩面居中開門。北門正對著神道像生，單檐五開間，稱為金門，是皇城的正門，兩邊各有一座隨牆角門。門前對峙有東西碑亭，都是方三間重檐歇山頂，四向開門，亭內各樹有一座石碑，形制為《明會典》所說的龍首龜趺碑，即宋《營造法式》的贔

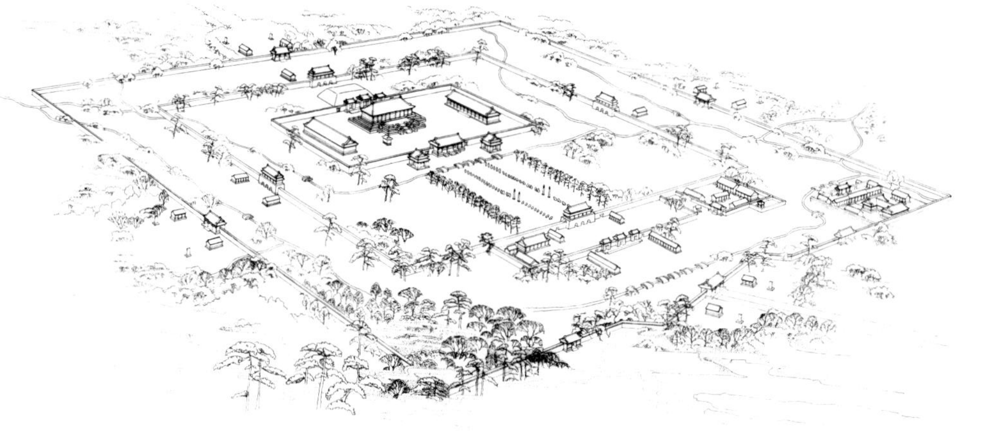

圖二一　明皇陵復原鳥瞰圖

屓鰲座碑。其中碑頭雕出六條蟠龍，稱為龍首、螭首、贔屓或屓頭；雕成昂首臥龜的碑座則叫做龜趺、龜蝠或鰲座。皇陵的這兩座石碑，東面的碑身空白，稱為無字碑；西面的碑頭中央篆額『大明皇陵之碑』，碑身鐫刻朱元璋『親製』的碑文，稱為御製皇陵碑。

從金門進入皇城，南面居中坐落著稱為皇堂的大殿，也叫獻殿、享殿、香殿或寢殿，九開間單檐廡殿頂，三層臺基安設石雕望柱欄板，是皇陵中最恢宏的主體建築。皇堂內偏後設有三間暖閣，稱為皇帝神寢，布置神床、帷幔、寢具、衣冠和册寶等，安奉朱元璋父母等靈魂依附的神主牌位；神寢前面還安設有御座和御案，供神主享納日常饈膳和各种吉日的祭拜。堂皇左右，對稱建有各十一開間的單檐配殿，又稱為東西廡。此外，皇堂前靠西還設有一座琉璃燎爐，供焚化祭祀帛書祝文等，又稱為神帛爐或焚帛爐。

皇堂後面為皇城南牆，當中并列著三座單檐琉璃門，稱為後紅門，兩旁各開有一座隨牆角門。後紅門正南，峙立著寬五十米、深三十米、高五米的覆斗形封土，是掩蔽地宮的陵臺；往南是建置在皇陵中軸綫盡端的磚城南明樓和土城南門，構成陵臺的底景。每逢清明節，隆重的上陵禮或負土禮就在這裏進行。例如《明太宗實錄》記載，永樂七年（一四○九年）二月戊子，明成祖朱棣『謁祭皇陵，祭畢，上親負土蓋陵；于是尚書夏原吉等皆負土以從』。

皇陵的鼎建，顯現出明代陵寢初創的特徵。一方面，同明初整飭禮制、力圖恢復唐宋傳統的治國方略直接關聯，皇陵建設曾有意識參照了唐宋帝陵制度而『稽古創制』。像《歷代陵寢備考》提到，洪武二年（一三六九年）『六月庚辰，上覽浙省進宋陵諸圖』。事實上，皇陵外土城和磚城呈城門四出的方形平面，中軸綫上石像生配置虎、羊、馬與馬官、宮人，陵臺作覆斗式等，就都明顯效仿了北宋帝陵建築制度；而皇陵建築組群循著中軸綫有序布置，則參酌了南宋帝陵把北宋時分離的上宮和下宮串聯在同一軸綫上的格局；櫺星門、神厨、神庫以及具服殿等建築的建置和命名，也都出自南宋帝陵下宮中相應的建築。

另一方面，正如顧炎武《日知錄》指出：『若明代之制，無車馬，無宮人，不起居，不進奉』，皇陵建設同明初陵寢祭祀禮儀的改革相應，除在陵臺舉行『負土蓋陵』的負土禮或上陵禮外，唐宋陵寢分別在上宮的獻殿和下宮的寢宮展祭的禮儀，大多合并在皇堂內進行，相關建築也因此合并或調整配置。為了强化陵寢作為禮制性紀念建築的空間氛圍，從整體規劃到局部形制，皇陵也都有相應改革；像附會《周禮》『天子五門』制度，在中軸綫上有序布置的正紅門、櫺星門、紅門、金門、後紅門等五門，就是典型。這樣的『稽

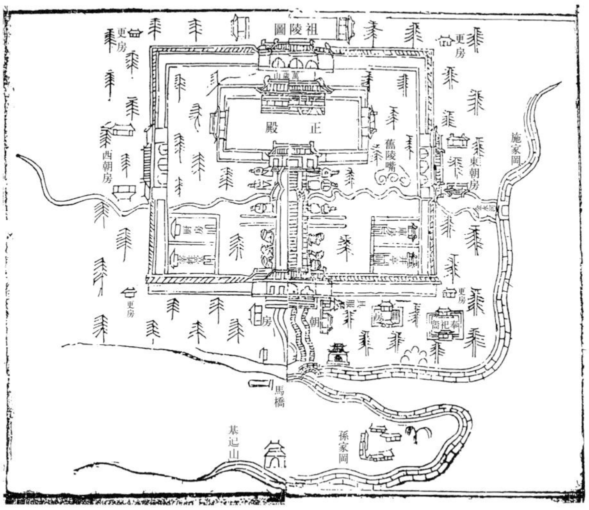

圖三　明祖陵圖（明・曾惟誠修《帝鄉紀略》，萬曆二十七年本）

古創制』，使皇陵的建築組群形成了獨特的格局：為祭祀活動服務的各類輔助建築布置在外土城和磚城之間，構成了陵寢的輔助空間；在磚城和皇城之間，象徵朝會儀仗的神道石像生以及碑亭等，組成了謁陵展祭的引導空間；皇城內按照前朝後寢格局布置的皇堂，後紅門迤南覆蓋地宮的陵臺，作為陵寢的主體建築，成為舉行祭祀禮儀的祭祀空間（圖二）。

皇陵的建築制度，在此後建設祖陵的時候曾被效仿。祖陵位于江蘇省盱眙縣洪澤湖西岸楊家墩，祔葬有朱元璋祖父熙祖裕皇帝朱初一，以及曾祖父懿祖恒皇帝朱四九和高祖父德祖玄皇帝朱百六的冠服，是繼皇陵、孝陵之後朱元璋經營的第三座明代陵寢。

萬曆朝《帝里盱眙縣志》引述《祖陵事實》指出：『洪武初年間，迷失祖陵，未知先骸厝所，遣官于泗州城西朝河壩歲時望祭。』到洪武十七年（一三八四年）『有署令朱貴……賫捧《祖陵家圖》親赴太祖高皇帝御前，畫圖貼説，識認宗室相同』，這纔找到朱元璋祖父的葬地；崇禎朝《鳳泗皇陵記》説明這事是在當年十月十二日，朱元璋還『以世湮遠，不輕祖，故斷以德祖為肇基。而德、懿二陵經兵燹，亦失其處，故止于熙陵寢殿行望祭焉』。以後，如《明史・禮志》記載，洪武十九年（一三八六年）八月甲辰，朱元璋『命皇太子往泗州修繕祖陵』。《明太祖實錄》還提到，翌年八月癸亥又命工部修建祭殿，兩年後工程告竣。按《明太宗實錄》記載，永樂元年（一四〇三年）明成祖朱棣下旨將祖陵建築改用黃琉璃『如皇陵制』；永樂十一年（一四一三年）添修了神厨、宰牲亭、欞星門等。《明世宗實錄》提到，嘉靖十年（一五三一年）二月戊寅明世宗朱厚熜追號祖陵山名為基運山，建立了『基運山碑』、『祭告碑』和碑亭；嘉靖十三年（一五三四年）十月己卯，又『用故所積黃瓦更正殿廡，及增設陵前石儀与鳳陽同制』（圖三）。

按萬曆朝《帝鄉紀略》記載，祖陵規制參照皇陵，也按套方式格局建置了外羅城、磚城和皇城，磚城也是城門四出；其中，建有『皇城正殿五間；東西兩廡六間；金門三間，左右角門二座；燎爐一座。磚城一座，內四門四座各三間；紅門東西角門兩座，外有先年東宮具服殿六間、值房十間；東、西、北三門值房十八間。欞星門三座，東西角門二座。內御橋一座，金水河一道，石儀從衛侍俱全。天池一口，井亭一座，神厨三間，神庫三間，酒房三間，宰牲亭一所，齋房三間』等等。然而，祖陵的規模遠不及皇陵，如外土城周長九里三十步，就祇有皇陵的三分之一；正殿即享殿五間，東西廡即配殿各三間，都比皇陵顯著縮減。與此相應，嘉靖十三年（一五三四年）仿照皇陵制度建設的神道望柱和石像生群，不僅撤去了虎、羊，獅子也由八對減為六對。儘管如此，祖陵石像生的個體尺度增大，雕刻更精美生動，同時加密了排列間距，通過這些藝術處理，石像生群的整體氣勢反而更顯宏偉，產生了强烈的空間藝術效果。

（一） 革故鼎新的孝陵：明代帝陵的更新

孝陵在南京鍾山南麓玩珠峰獨龍崗，又稱為獨龍阜，是明朝開國皇帝明太祖朱元璋生前為自己及孝慈皇后馬氏經營的陵寢，也是繼皇陵之後興建的第二座明代帝陵。

宋濂《游鍾山記》提到，早在至正二十一年（一三六一年）二月癸卯至乙巳，時為吳國公朱元璋心腹幕僚的宋濂、劉基，曾赴鍾山獨龍崗考察，并特别推崇鍾山『為望秩之所宗』。按《明太祖實錄》等記載，在朱元璋登基為皇帝以後，洪武二年（一三六九年）五月乙巳，即皇陵正式薦名不久，精諳風水并曾為朱元璋卜地建都、諏吉開國的劉基，又侍從朱元璋巡幸鍾山，選定獨龍崗為孝陵基址。獨龍崗的『王氣』深為劉基稱賞，也引發朱元璋賦詩如《鍾山雲》贊咏道：『踞蟠千古肇豪英，王氣葱葱五色精。岩虎鎮山風偃草，潭龍噓氣水明星。天開萬載與王處，地闢千秋永聯京。咸以六朝亭替閲，前禎禎後後嘉禎。』對這風水寶地的鍾情和選定為自己壽宫吉地的稱心得意，都明顯流溢出來。隨後，君臣們還一路踏勘返回京城淳化門。緊接著，八月癸亥，朱元璋又『命擇地于鍾山草堂之原營墓建祠』敕葬開平王常遇春，在總體規劃意象上，成為後來在孝陵外圍以中山王徐達等十多位開國元勛的墳塋構成拱衛格局的開端。

此後，由于大規模建設中都和皇陵，孝陵營建被擱置下來；到洪武八年（一三七五年）罷建中都轉而重新經營南京，在京師『鎮山』鍾山獨龍崗興修陵寢，纔著手實施。据《明太祖實錄》記載，洪武九年（一三七六年）正月壬午，朱元璋詔令『王國社主用鍾山石』，從禮制上把『望秩之所宗』的鍾山『王氣』同國祚直接聯係起來，确立為明朝社稷象徵。接著，投入五萬多禁軍，開始建設陵寢；獨龍崗的千年古刹蔣山寺也被東遷。洪武十五年（一三八二年）九月庚午陵寢皇堂即地宫建成，已故孝慈皇后入葬，『是晚乃譴醴饌告謝于鍾山之神，以覆土故也；命所葬山陵曰孝陵。』按《明史・禮志》記載，翌年『孝陵殿成，命皇太子牲醴致祭』；《明史・李新傳》還提到，李新『以營孝陵封崇山侯』。往後如《明史・禮志》記載，洪武二十六年（一三九三年）『令車馬過陵及守陵官民入陵者百步外下馬，違者以大不敬論』，又在陵區東南神道起點建置了一座兩柱衝天式石牌坊，横額題刻『諸司官員下馬』，作為警戒標志，稱為下馬坊。

洪武三十一年（一三九八年）閏五月乙酉，朱元璋駕崩，當月辛卯被遵照他的遺詔登基為建文皇帝的皇太孫朱允炆葬入孝陵。朱元璋遺詔還强調：『孝陵山川因其故，毋改作。』然而為時不久，他的第四子燕王朱棣以『靖難之役』奪取帝位，又特意效仿『皇考稽古創制，樹石皇祖考英陵，刻辭垂訓』，即朱元璋以『孝子皇帝』為考妣御製皇陵碑的做法，在孝陵正門即大紅門北興建『大明孝陵神功聖德碑』及碑亭，規模比皇陵更為宏偉，到永樂十一年（一四一三年）九月落成。以後，嘉靖十年（一五三一年）二月戊寅明世宗朱厚熜追號孝陵山為神烈山，南京工部遵旨在下馬坊東建立了『神烈山碑』和一座方形碑亭。崇禎十四年（一六四一年）五月南京神宮監又遵照明思宗朱由檢的旨諭，在神烈山碑東樹立『禁約碑』，銘刻著保護孝陵的相關規定。

孝陵是朱元璋罷建中都以後經營南京為帝都的重要組成，陵寢建築制度也改革鼎新。同平地起建的皇陵以三重城牆構成套方格局迥异的是，孝陵建築組群結合風水形勢布置，明確劃分成前後兩區：前區在陵寢南部，以正紅門為入口，沿著呈S形旋繞梅花山的神道，依次布置了孝陵神功聖德碑亭、石像生群和欞星門；後區在陵寢北部，背倚鍾山獨龍阜，縱向配置了三進院落，統稱為陵宮，由南往北順序安排了具服殿和神厨庫等輔助建築，以及享殿、配殿、明樓和稱為寶頂的陵臺等主體建築。

位于陵區東南的正紅門，又稱為大紅門或紅券門，單檐廡殿頂，坐北朝南，貫通有三道券門，紅牆下設石雕須彌座。門兩側『沿山周圍繚垣』，稱為皇牆或風水牆，并闢有西紅門、後紅門、東西黑門等。正紅門東南，還建置有下馬坊標志著神道起點；坊東另有神烈山碑亭、禁約碑，以及駐兵巡守陵寢的孝陵衛。

正紅門北的神道上，宏偉的孝陵神功聖德碑亭拔地而起，紅牆下安設石雕須彌座，四面開闢券門，覆重檐歇山頂；亭內樹立巨大的『大明孝陵神功聖德碑』，鐫刻著朱棣的御製碑文。碑亭北面，神道經過一座單拱石御橋轉向西北，兩旁序列石像生，包括獅子、獬豸、駱駝、象、麒麟、馬，都是卧、立各一對；此後神道折向正北，在一對石望柱後，又有武將、文臣石像各二對，肅立在坐北朝南的欞星門前。欞星門又叫龍鳳門，用坐落在石雕須彌座上的琉璃影壁牆連綴三座單間兩柱的石牌坊組成。四棱抹角的方柱上面貫出雲版，柱頂雕成雲墩、仰覆蓮座和蹲龍；柱間仿照木作安設石雕大、小額枋和花版、摺柱，居中冠表石雕火焰寶珠，所以又叫火焰牌樓。穿過欞星門，神道向東北延展，再折向正北，橫列有三座單拱的石構御橋，左右各有一座旁橋。過橋向北，就是孝陵後區的陵宮建築群。

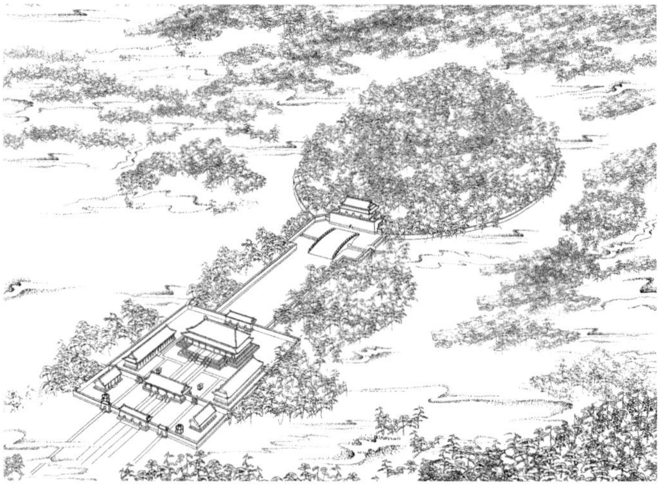

圖四　明孝陵陵宮復原鳥瞰圖

作為引導空間，孝陵正紅門、碑亭、望柱、石像生和欞星門等建築，結合山水形勢沿著彎曲的神道布局，既不同于唐宋陵寢前神道石像生的直綫排列方式，也和皇陵沿著筆直的中軸綫在欞星門內的磚城和皇城之間布置石像生、在皇城金門兩側配置碑亭的格局明顯區別。石像生群中，還撤掉了皇陵既有的虎、羊、控馬官和宮人，石獅也由八對減成二對，改添駱駝、象和麒麟；石像生的排序、姿勢和衣冠紋飾等也都有顯著差异。望柱也由皇陵的兩對減成一對，柱礎改作須彌座，柱身改成六棱，紋飾改鐫雲氣，柱頭則改雕成三層束腰雲盤承托著圓柱形的雲龍頂，形制已完全不同。由三座火焰牌樓門和琉璃花牆組成的欞星門，和皇陵欞星門的三座琉璃門比較，形制的變革更是顯而易見。

同前區建築的舒朗布局鮮明對比，在孝陵後區陵宮的三進院落中，鱗次櫛比地布置著陵寢的主體建築和大多數輔助建築。陵宮入口稱為金門或文武方門，坐北朝南，單檐歇山頂，開設三道券門；兩翼橫牆還各建有一座角門，稱為左右方門。文武方門北陵宮第一進院落兩旁，對稱布置著神厨庫、六角井亭和具服殿，是服務于祭祀活動的兩組輔助建築。院北居中設門，稱為大殿門或孝陵門，兩翼橫牆還各有一座角門。大殿門面寬五開間，單檐歇山頂，下設雕欄圍繞的須彌座臺基，前後三出陛，即前後各設三座踏跺，中間稱為正面踏跺，左、右兩邊叫做垂手踏跺，正面踏跺中央還安設石雕御路，也就是丹陛或墀道。

孝陵門北的第二進院落，布局和皇陵的皇城相當。居中是稱為孝陵殿的享殿，比皇陵的皇堂更宏偉，形制規模類似皇宮中最隆重的奉天殿，寬九間深五間，重檐廡殿頂，坐落在平面呈凸字形、前出月臺的三層石雕須彌座臺基上，周匝石雕望柱欄杆，前後都安設帶有石雕丹陛的正面踏跺和左右垂手踏跺，月臺兩側還各設有抄手踏跺。此外，孝陵殿兩旁的神帛爐增為左右各一座，東西配殿則都加大到面闊十五間。

孝陵殿正北，相當于皇陵的後紅門，開設有三道券門，單檐歇山頂，《明會典》稱為靈寢門，也就是嘉靖朝《興都志》和《承天大志》所説的陵寢門。門內是陵宮第三進院落，平面呈陝長的凸字形，南面縮窄，北面展寬并建有一座單孔大石橋，近抵體量巨大，屹立在院落盡端的明樓前。和皇陵在磚城四面分別建置明樓、并把南明樓建在陵臺後面作為底景的規制全然不同的是，孝陵僅在陵臺正前方建有明樓。明樓的城臺稱為方城，下設石雕須彌座，居中是一道貫通方城的門洞券，券洞內設有向上的踏跺。方城上高聳著五開間重檐歇山頂的明樓，南面開出三道拱門，東、西、北各一道。此外，方城兩翼還建有八字琉璃影壁牆，并在影壁牆盡端向南對稱接出磚牆，縱向圍合著前方的三進院落。

在方城明樓北面，掩蔽地宮的巨大封土陵臺，由皇陵的覆斗形改成圓丘形，稱為寶山

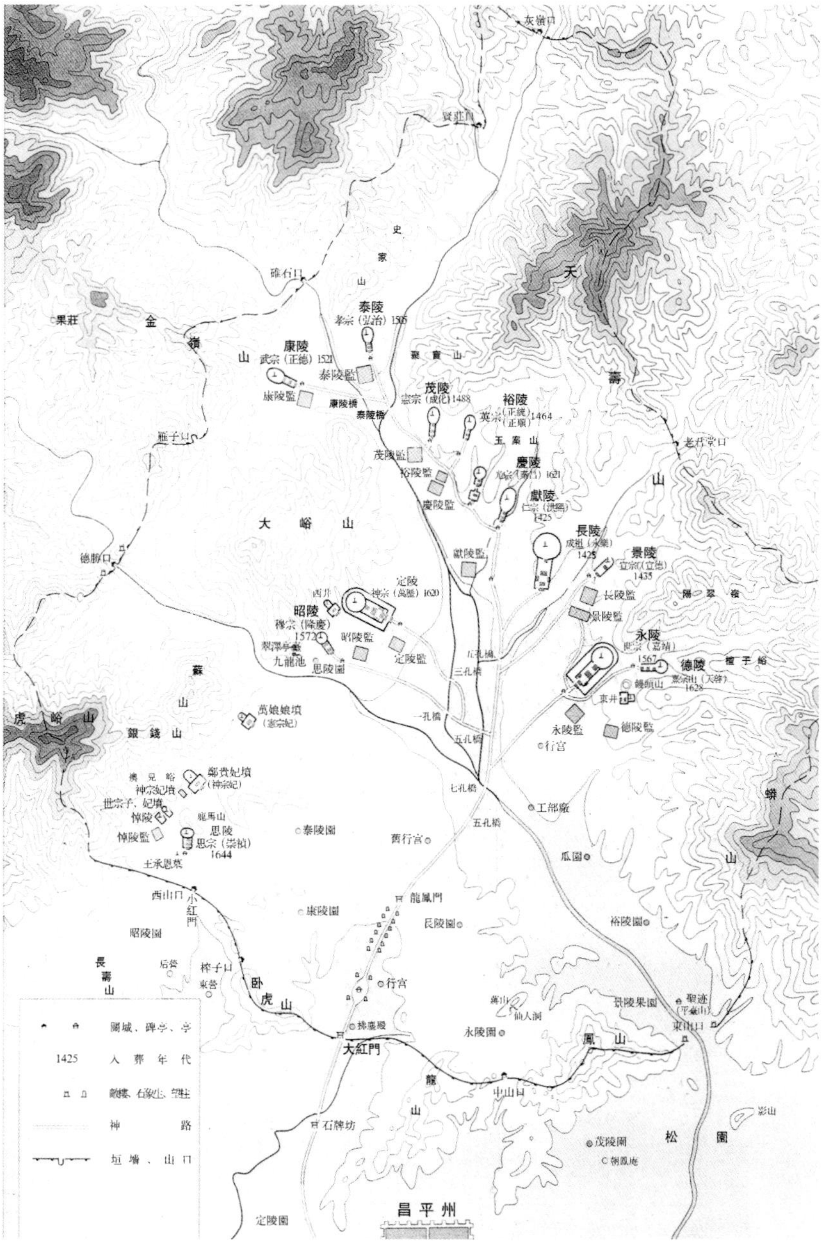

圖五　明十三陵總平面圖（侯仁之主編《北京歷史地圖集》，一九八五年版）

或寶頂，直徑達一百多丈，突破了秦漢以來歷代陵寢封土多采用覆斗形方土的傳統。寶頂外周還繞築城牆，稱為寶山城或寶城，前面同方城兩側聯為一體。穿過方城門洞券，橫隔在方城和寶頂之間，還有一座露天小院，寬同方城，進深為面寬的十分之一，後面是一堵條石牆峙立在寶頂前；院兩旁對稱建有轉向蹬道，在舉行上陵禮或負土禮的時候，可以由此登臨方城明樓和寶城寶頂。這座歷代陵寢從未有過的獨特院落，因為內向封閉而被喻稱為啞吧院。

孝陵陵宮建築群的院落化縱向布局，實際是仿照陵寢祭祀禮儀的尊卑秩序來劃分的，并以遞進關係主從分明地組織起來。其中的第一進院落，以服務于祭祀活動的具服殿和神厨庫等尺度較小的建築，構成陵宮的輔助空間；在第二進院落中，供奉神主享納日常膳饈和各種吉日祭拜的享殿和配殿，造型端莊隆重，構成陵宮的常規性祭祀空間，相當于唐宋陵寢的下宮；而在靈寢門內的第三進院落中，體量巨大的方城明樓和寶城寶頂護衛著安奉帝后靈柩的地宮，并作為這一陵寢核心的外部標志和禮拜場所，僅在舉行最隆重的皇帝上陵禮或清明節負土禮等祭祀禮儀時開放使用，構成陵宮的核心性祭祀空間，具有唐宋陵寢上宮的性質。

同皇陵比較，孝陵的院落化布局，使陵宮各個組成部分的功能和空間聯係都更趨密切也更臻合理；而且同前區對比呼應，在組織程序上，通過結合地勢布置的中軸綫，把陵寢建築組群布局中的引導空間、輔助空間、祭祀空間同山水勝景有機聯係起來，疏密有間，錯落有致，尊卑有序，以更豐富也更生動的空間序列，層層遞進，更明晰也更有力地展現出陵寢的禮制性紀念氛圍和意義，突出了陵宮主體建築和陵寢核心的至尊地位（圖四）。

此後，孝陵建築規制被尊奉為長陵建築的先範，其他各帝陵又承襲長陵制度而趨向定型。這樣，孝陵的改革，導致了明代帝陵建築制度的重大轉折，開創了一代新風。

（二）承先啓後的長陵：明代帝陵的完善

長陵在北京昌平縣西北的天壽山主峰南麓，是明成祖朱棣生前為自己和仁孝皇后徐氏經營的陵寢，也是繼皇陵、孝陵和祖陵之後建成的第四座明代帝陵。此後，還有十二座帝陵相繼建在長陵左右，統稱明十三陵，長陵也因此成為明十三陵的祖陵（圖五）。

朱棣為朱元璋第四子，洪武三年（一三七〇年）封燕王，洪武十三年（一三八〇年）就藩北平即前元大都，在朱元璋死後四年即建文四年（一四〇二年）攫得帝位，六月己巳在南京登基。半年後即永樂元年（一四〇三年）正月初一朱棣降旨將北平改為北京；永樂四年（一四〇六年）閏七月壬戌又頒詔『以明年五月建北京宮殿』；經營朱棣自己的陵寢以作為北京的重要組成，也成為預定計劃。据《明太宗實錄》等記載，永樂五年（一四〇七年）七月甲戌，仁孝皇后在南京薨逝，禮部尚書趙羾奉旨携同江西風水名師廖均卿等赴北京卜地，永樂七年（一四〇九年）『擇地得吉于昌平縣東黄土山』。五月己卯朱棣駕臨考察，改封山名為天壽山，下命武義伯王通等督建陵寢。按《大明長陵神功聖德碑》等記載，朱棣還欽定陵寢建築『悉遵洪武儉制』即仿照孝陵規制。永樂十一年（一四一三年）正月陵寢薦名為長陵；二月丙寅仁孝皇后被葬入已建成的皇堂即地宫中。永樂十四年（一四一六年）三月癸巳長陵祭殿落成，供奉了仁孝皇后的神位。到永樂二十二年（一四二四年）七月辛卯，朱棣在第五次親征漠北元朝殘部的歸途中病逝，十二月庚申被葬入長陵。

洪熙元年（一四二五年）四月丙辰，明仁宗朱高熾御製《大明長陵神功聖德碑》文强調：『惟先陵咸有功德之碑，謹循彝章』，打算仿效皇陵和孝陵建造長陵神功聖德碑及碑亭。然而朱高熾和嗣後的明宣宗朱瞻基都享祚不久，到明英宗朱祁鎮繼統後，宣德十年（一四三五年）十月己酉工程纔開始實施，正統三年（一四三八年）落成，碑亭四隅還添建了華表，碑亭北面的神道旁又參照孝陵配置了望柱和十八對石像生。此後長陵建設不斷增華，成化元年（一四六五年）正月乙亥增造齋房；嘉靖十五年（一五三六年）四月神道北段鋪築石板，石像生加護石臺；嘉靖十九年（一五四〇年）神道南端添建一座五間六柱十一樓的石牌坊；嘉靖二十一年（一五四二年）五月陵門東側建立小碑亭。此外，萬曆三十二年（一六〇四年）五月癸酉長陵明樓被雷火燒毀，翌年正月辛丑興工重建，到六月乙巳完工；在這期間，明樓內原刻『太宗文皇帝之陵』的聖號碑即明樓碑，也在三月辛丑按明世宗朱厚熜在位時改尊的廟號鐫成『成祖文皇帝之陵』。

正如朱元璋經營皇陵、孝陵分別同中都、南京規劃直接關聯那樣，朱棣選擇北京昌平天壽山營造長陵，也是作為京師建設的重要組成來實施的。為標榜正統，不僅北京皇宮刻意效法南京，長陵建設也『悉遵洪武儉制』即孝陵規制。事實上，長陵劃分為前後兩區的總體布局，陵寢前區配置石牌坊、大紅門、神功聖德碑亭、望柱、石像生群和欞星門的空間序列，後區陵宮的三進院落配置長陵門、神厨庫、祾恩門、東西配殿、祾恩殿、陵寢門、方城明樓和寶城的程序組織，以及建築的形制和規模，都同孝陵相應一致。其中祾恩殿即享殿，祾恩門即殿門，按《承天大志》記載，是嘉靖十七年（一五三八年）二月由明世宗朱厚熜欽定更名的，取意『祾者，祭而受福之名也；恩者，罔極之思也』，彰揚了陵寢作為『孝子思慕之處』的場所精神。

另一方面，出于『陵制當與山水相稱』即順應山水形勢的規劃原則，聯係長陵神道的橋座的經營位置、數量与規模，都和孝陵有所不同。而為了使陵寢建築的功能和空間藝術效果更臻完備，長陵建設在效仿孝陵規制的同時，也進行了局部性的調整，導致了兩座陵寢的一些重要差异，相應反映了明代初期帝陵建築制度与建築藝術的不斷發展和完善。

一，南端神道起點的石牌坊改為五間六柱十一樓式樣，中軸綫正對著天壽山的主峰，在陵寢的整體創作意象上，典型體現了『陵制當與山水相稱』的規劃設計思想。就像《帝陵圖說》指出：『天壽山勢層疊環抱，其第一重東西龍砂欲連未連，坊建其中以聯絡之，從青烏家言，非直壯觀美也。』在做法上，石牌坊全用青白石雕造，六根抹角方柱東西排列，從梢間、次間到明間依次加寬增高；柱下安設方形噙口石底座和夾杆石，噙口石四邊雕飾覆蓮，夾杆石四面分別鐫刻雙獅綉球或龍雲圖案，頂部仰覆蓮上還臥有獅子或麒麟等靠山獸。夾杆石以上各柱內側凸出梓框和雲墩，承托著帶有雀替的小額枋以及絛環摺柱和大額枋，額枋雕出一字枋心的旋花彩畫圖案。五根大額枋上分別安設雷公柱以及花板、額枋和平板枋，以重昂五踩斗栱挑出稱為瓦片的廡殿頂，統稱為正樓。各柱頂另有單昂三踩斗栱承托小廡殿瓦片，兩端叫做邊樓，其餘統稱小樓。所有屋頂都雕有脊飾，瓦壟均以勾頭筒瓦坐中，忠實反映了明代官式瓦作制度，不同于清代滴水居中的做法。這座明代尺度最大而造型也最精美的石牌坊，體量宏偉却通透空靈，雕飾華麗又雍容端莊，使陵寢建築空間序列的引導標志更富藝術魅力。

二，在左、右同天壽山的第二重砂山即龍山、虎山相聯絡的大紅門前，神道兩旁添建了下馬牌，對峙在方形石臺基上。石雕牌身四隅支護戧鼓石，上下兩端雕飾如意縧環圖案，中間鎸刻楷書大字『官員人等在此下馬』。這既是整個陵區入口的警戒標志，也對比映托了從龍、虎山之間高地上拔起的大紅門的雄渾氣勢，使陵區入口的空間氛圍更臻莊嚴。

三，長陵神功聖德碑亭四隅添建石雕華表，又稱為擎天柱。四座華表形制相同，八角平面的仰覆蓮須彌座，上下枋和束腰鎸刻行龍；八棱形的柱身下端雕作山崖，一條蟠龍繞柱穿雲升騰，柱上部貫出雲版，頂端為仰覆蓮須彌座圓盤和昂首向天的蹲龍。質地潔白的華表，雕飾精美，造型輕靈，充滿了向上的動勢，既同雄宏凝重的神功聖德碑亭形成了强烈對比，又『聚巧形而展勢』，在空間感受效果上有力擴張了碑亭的心理體量。

四，在神功聖德碑亭和華表北面，神道望柱改移在整個石像生群的前端，賦予了引導標志的性質，增强了這一儀仗隊列的整體連續性，具有唐宋帝陵的意韵。另一方面，正像《帝陵圖説》指出：『龍鳳門……黄琉璃甓瓮如屏也。形家言天壽山龍砂，此其第三重，為門于中，以絡繹如門之楗鑰也。』在石像生群的盡端，即在這儀仗隊列朝揖并倚托為底景的龍鳳門前，著意于『駐遠勢以環形，聚巧形而展勢』，還添設了兩對勛臣，并加大了各石像生的間距，使這一謁陵的前導空間更顯深永和舒展。同時，石像生群的布局隨著神道在左右砂山間蜿蜒，略偏向體量小的山巒而距大者稍遠，就是《管氏地理指蒙》所説『左崇而右實，右勝而左殷』，從而使兩旁砂山的體量在視覺感受效果上得到了巧妙的均衡。

五，長陵門北面陵宮區的第一進院落内，居東為五間神庫，西有五間神厨相對稱；宰牲亭則移到長陵門外東南隅，具服殿改建在門外西南隅，各自圍合成獨立院落。這一調整，使陵宮第一進院落的功能和空間布局更臻利落。院東的神庫前，還有一座方三間的小碑亭，重檐歇山頂，四向開設券門。亭中立有無字石碑，碑座雕作卧龍，迥异于龜趺，而碑首僅雕有一條盤龍，龍頭居中向南凸出，也不同于一般的龍首，為明代帝陵中獨有的規制。

六，陵寢門北面的院落加寬到和前兩院相同，取消了方城兩側的八字影壁牆，使陵宮平面構成更臻嚴整統一，也使陵宮内最隆重的祭拜場所更顯宏大。為强化空間氛圍，還在方城前面的神道上添設了二柱門和石五供，取代了孝陵方城前的大石橋。二柱門是一座造型洗練的衝天牌樓，兩根白色石雕方柱前後各支護戧鼓石，矗立在敦實的石鼓座上，柱頂雕出須彌座和東西相對的仰天蹲龍；柱間橫貫木結構大小額枋、摺柱花板和平板枋，出挑斗栱，支承黃色琉璃懸山頂。二柱門北面，正對方城明樓安設的石五供，又叫石几筵或石祭臺，以一座碩大的條形石雕仰覆蓮須彌座作為供案，上面居中陳設一尊帶有龍雲頂蓋的石雕三足圓鼎形香爐，兩側是石雕燭臺和花瓶各一對。二柱門和石五供的配置，豐富了陵寢中軸綫的空間序列層次，也以鮮明的形體和尺度對比，襯托出方城明樓『仰崇橋山』的雄偉氣象。

七，方城和明樓改成正方形平面，面寬僅及孝陵的一半。但在空間構成上，方城并没有像孝陵那樣全部凹進寶城，而是大部分朝南凸出；高出寶城的方城中央，重檐歇山頂的明樓巍然屹立，方城周邊砌築雉堞垛口，兩側還斜下同寶城外周的垛口聯成一體；再加上方城前宏敞的庭院中石五供和二柱門的對比烘托，形成了雄渾的整體氣勢，使陵寢門內和唐宋陵寢上宫相當的這一最隆重的祭祀禮拜場所，顯現出更臻莊嚴崇宏的空間氛圍。

方城下面也居中開有門洞券，但没有像孝陵那樣直接貫通。券內北向坡道的盡端附設有琉璃影壁，兩旁分別關出券洞折向東、西，稱為扒道券；從券內踏跺往上，穿過稱為上券門的出口，可到達方城兩旁。從這裏，往北可升上寶頂，朝南經過轉向踏跺則可登臨明樓。明樓見方三間，四面各開出一道拱門；南面上檐下，居中懸挂題為『長陵』的木斗匾。明樓中央，還安設有一座明樓碑，也叫聖號碑，矗立在石雕須彌座上，碑首兩面各雕出二龍戲珠圖案，正面篆額『大明』，碑身鎸刻楷書大字『成祖文皇帝之陵』。

八，方城同寶城寶頂聯成整體，没有設置孝陵那樣的啞吧院。圓形平面的寶城直徑達一百零一丈八尺，稍稍小于孝陵。巨大的寶頂封土，外周填築到和寶城頂面的馬道相平，馬道內側環砌宇牆，將寶頂和寶城分隔開來。鄰近方城兩旁的宇牆分別開設石栅欄門，是登上寶頂的入口。在宇牆內側，環繞著寶頂周邊，還設有寬大的磚砌排水明溝，斷面呈倒八字形，稱為荷葉溝，用來匯集寶頂上和通過宇牆下水溝門流進的馬道上的雨水，再由分布在荷葉溝中的水簸箕引入埋在馬道下的暗溝，從懸布在寶城垛口下的琉璃挑頭溝嘴泄出，或從布置在荷葉溝中的几個吊井溝桶即排水豎井引出寶城。

長陵的建設，完善了孝陵開創的陵寢建築制度，具有承上啓下的意義。此後，明代其他帝陵大多選址建造在長陵左右，尊奉長陵為祖陵，并『遜避祖陵』而縮減了建築規模，使長陵的宏大規模和完備體制更强烈地凸顯出來，成為最具典型意義的明代帝陵。到明清

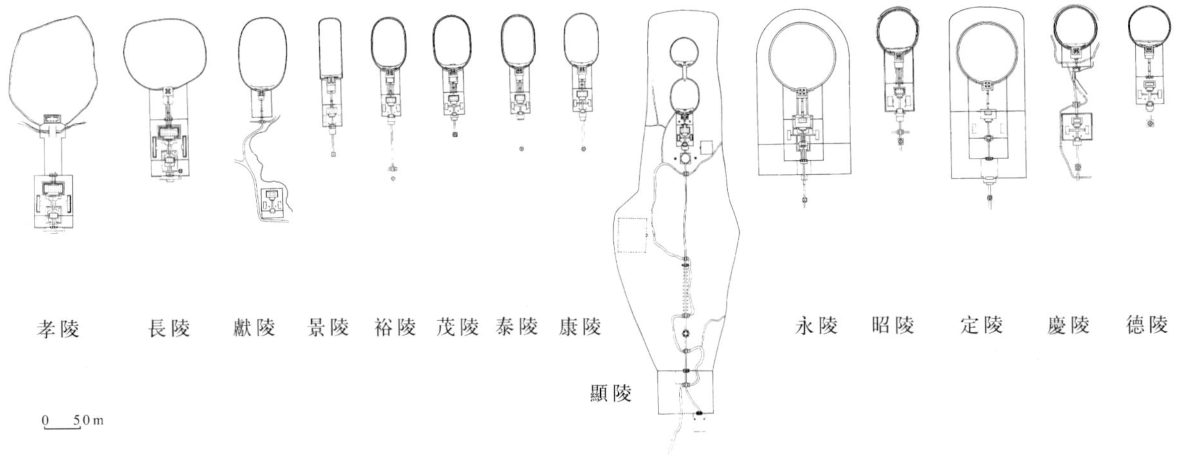

圖六 明代帝陵平面比較圖

易代以後，孝陵以及其他各帝陵的大部分建築，或損毀于戰亂，或在清代修葺中改變了原貌，這樣，整體保存相對完好的長陵，也成為追溯孝陵和明代帝陵建築制度沿革的重要實物依据。

（四）遜避祖陵的其他帝陵：明代帝陵的嬗遞

在長陵以後，除了景泰陵和顯陵處在异地，其他十二座明代帝陵都同長陵薈萃在天壽山群峰下，整體意象上明顯繼承了宋代陵寢聚匯同一兆域的歷史傳統。然而區別于宋代陵寢，也和孝陵、長陵不同的是，這十二座帝陵雖然各有自成一體的陵宮建築群，謁陵展祭却都要『統于長陵』并通過長陵前區的神道，長陵石牌坊、下馬牌、大紅門、華表、石像生群及欞星門等實際屬于共用，其他各陵没有另外建置。這一布局，既突出了長陵作為『祖陵』的主體地位，也强化了各帝陵的整體聯係，實際成為歷史上最宏大的陵寢建築群，顯現為明代帝陵建築制度的一個重要特點。到嘉靖朝以後，這些帝陵祾恩門前的神道上都分別添建了功德碑和碑亭，也叫神道碑亭，但尺度祇及孝陵和長陵神功聖德碑亭的一半，和長陵門内的小碑亭相當；龍首龜趺的功德碑，雖然仿照孝陵和長陵的神功聖德碑，却尺度既小，而且都没有鎸刻碑文。

在長陵以後，唯有湖北鍾祥純德山的顯陵，在前區神道上建置了下馬牌、大紅門、睿功聖德碑亭、石望柱、石像生群和欞星門等；但出于『遜避祖陵』，形制規模也都顯著收縮。陵區東南神道起點以類似大紅門的新紅門取代了石牌坊；睿功聖德碑亭外撤去了華表；望柱北面十二對石像生也少于孝陵的十六對和長陵的十八對，順序是蹲姿獅子、獬豸和卧姿駱駝、大象各一對，麒麟和馬各卧、立一對，武將二對，文臣、勛臣各一對。與此同時，神道南、北兩端却別出機杼地建有圓形大水池各一座，在大紅門南的稱為外明塘，祾恩門前的稱為内明塘；在内明塘兩邊，還對稱建有『紀瑞文碑』、『純德山祭告文碑』和碑亭各一座。

至于長陵以後各帝陵的陵宮建築，祇有永陵和定陵『量仿長陵之規』，沿著陵寢中軸綫縱向建置了三進院落，相應建築序列也大體類似長陵。這兩座陵寢由明代享祚最久的兩位皇帝傾力經營，豪華精緻遠遠超出長陵。例如寶城和方城垛口都用磨光的花斑石砌成；環布在寶城外周、用來排泄雨水的挑頭溝嘴也全用青白石精雕成龍首；明樓不用其他帝陵的木構梁架和吊井天花，而全以磚石拱券構築，外檐的柱、枋、斗栱、椽望以及斗匾等，也都用青白石仿照木作雕製并敷以彩畫；在寶城和陵牆外還破例添建了外羅城和外陵門，而按《帝陵圖説》記載，定陵外羅城甚至『左右長垣琢為山水、花卉、龍鳳、麒麟、海馬、龜蛇之狀，莫不宛然逼真，巧奪天工』。如此等等，都是明代陵寢中所僅見的。

然而，從『山陵制度務從儉約』的獻陵開始，在尊奉長陵制度的同時，縮減規模以『遜避祖陵，節省財力』，畢竟成為明代帝陵建築制度嬗遞的基本取向，永陵和定陵也難違例。事實上，長陵以後規模最大的這兩座帝陵，陵宮後兩進院落進深就都遜于長陵，兩院隔牆也改移到祾恩殿兩側，以隨牆琉璃門連同祾恩殿後檐明間開設的槅扇門，替代了陵寢門。五開間的祾恩門形制雖然類似長陵，規模却明顯縮小。祾恩殿則由九間收小成七間，圍繞雕欄的須彌座臺基從三層降為一層，殿後也不設左右垂手踏跺。左右配殿都由十五間減成九間。方城和寶城聯為一體，取消了方城門洞券以及券内的琉璃影壁、扒道券等，改在方城兩旁的寶城外壁附設坡道以供登臨方城明樓和寶城寶頂，并分别建置小石坊作為入口。寶城雖然都仿照長陵采用圓形平面，寶頂封土外周也和寶城馬道相平，平面尺度却均收小了五分之一。

除永陵和定陵而外，其他帝陵的陵宫建築，『避尊節財』的意向更加突出。一方面，全都裁掉了原來的前院和陵門，由三進院落縮減成兩進，面寬進深也都大幅度收縮，直接以祾恩門作為陵宫入口，神厨和神庫移到祾恩門前的神道左側，同宰牲亭組合成單獨的院落，統稱為宰牲亭、宰牲厨或神厨庫。另一方面，祾恩門内的建築配置，除了最簡陋的景泰帝陵和思陵，基本格局雖然祖述長陵，形制与尺度却大都顯著縮減（圖六）。

其中，祾恩門全都減成三開間，臺基祇有顯陵沿用配有雕欄和丹陛的石雕須彌座，别的帝陵均改成普通臺明，前後設三間連面踏跺。祾恩門兩邊的隨牆角門也被取消，唯獨顯陵在門兩旁添建八字琉璃照壁。祾恩殿均收小到五開間，前出月臺并圍繞雕欄的須彌座臺基也都減成一層，平面尺度還不到長陵的一半。景陵、顯陵類似永陵和定陵，效仿長陵祾恩殿在後檐明間開設後門，但門外還接出一間單檐抱廈，後丹陛改成小月臺并同陵寢門縱連；其他各陵都不設後門，後出陛也相應取消。祾恩殿的屋頂，獻陵為單檐，别的帝陵均為重檐；按嘉靖朝《興都志》記載，屋頂為歇山式樣，并非長陵祾恩殿的廡殿頂。至于左右配殿，都減成五開間，祇及孝陵和長陵的三分之一。

陵宫第二進院落入口的陵寢門，全都改成了三座并列的單檐琉璃門，又稱為琉璃花門、花門樓或一字門。陵寢門内，中軸綫上配置的二柱門、石五供以及方城明樓，尺度規模都不及長陵，間距也都縮小。比較特殊的是，顯陵石五供兩側還各有一座方形小碑亭，西碑亭樹有明武宗朱厚照御製『謚册志文碑』，東碑亭内為明世宗朱厚熜的『御祭文碑』。此外，獻陵的方城在平地起建，别的方城前部都築有高大的月臺，和孝陵、長陵略為不同；其中，慶陵的月臺左右分設礓礤坡道，其他則都在月臺前面建置寬大的礓礤坡道。各陵的方城兩側都同環護寶頂的寶城連綴，方城中央分别開設有門洞券，水平通入後面的啞吧院；登臨寶頂寶城和方城明樓的通道，就設在這種傳承自孝陵的啞吧院中。

長陵以後的帝陵建築制度嬗遞，『避尊節財』而外，注重『陵制當與山水相稱』即陵寢建築同山水形勝有機協調，也是舉足輕重的因素。基于這兩方面原因，這些帝陵的寶頂寶城不僅規模縮小，也没有沿用孝陵和長陵的圓形平面，而呈窄長程度不同的橢圓形。更典型的如獻陵和慶陵，按《明熹宗實錄》記載，陵宫主體即寶城寶頂和方城明樓所在的後院，就都是『因山增築，庶稱盡美』；由于『龍砂蜿蜒環抱在前，形家以為至尊至貴之砂，不可剥削尺寸』，都采取了『以龍砂前繞，建享殿、祾恩門于龍砂之前』的布局，即把陵宫兩進院落分离建置在龍砂前後。當然，這種分离格局，也取决于陵宫兩進院落的祭祀功能屬性，原本就有主從不同的尊卑等級和相對獨立性，一後一前，在空間意象上分别具有唐宋陵寢上宫和下宫的性質。

（五）别開生面的啞吧院：明代帝陵的重要特點

在寶頂和方城之間圍合啞吧院，設置登臨寶頂和方城明樓的通道，自孝陵創制以後，除了長陵、永陵和定陵没有采用，其他帝陵如獻陵、景陵、裕陵、茂陵、泰陵、康陵和顯陵等前期七陵，昭陵、慶陵和德陵等後期三陵，都曾經相繼建置，實際成為絶大多數明代帝陵的共性特徵之一，也是以往歷代陵寢從未有過的建築形制。

建置啞吧院，涉及因素很多，其中也包括負土上陵等禮儀活動的需求。負土禮又稱敷土禮或上土儀，是明代陵寢最重大的禮儀之一。如《明太宗實錄》記載，永樂七年（一四〇九年）二月戊子，明成祖朱棣『謁祭皇陵，祭畢，上親負土蓋陵；于是尚書夏原吉等皆負土以從』。除皇帝行禮而外，每年清明節都要遣官培土，如嘉靖朝《承天大志》指出：『歲以……清明培土于（寶）山，著為令。』另外，親王离京就藩也要行禮，談遷《棗林雜俎》記述天啓七年（一六二七年）『瑞王、惠王、桂王之國辭陵』，就提到『親王必負土三擔培陵』。具體的儀式在清代典籍中還有翔實記載，例如《清朝文獻通考》指出，康熙三年（一六六四年）正月『定清明節上土儀』，就是直接『因沿前明舊制』而來：『每歲清明于各陵上土十有三擔，承祭官、總管關防官率官兵共十有三人升寶頂上土』；在行禮前還要預先『取潔土儲筐』，届時則遣官素服『荷土循明樓西磴道升方城至石欄西，以土合于一筐，恭升寶頂，跪敷土于正中』；至于皇帝親謁行禮，儀式大體相同，路綫却改為『由明樓東磴道升至方城石欄東。』

實際上，為了和負土禮等祭祀活動相適應，還有後面談到的地宮防護的需求，加上『避尊節財』和『陵制與山水相稱』等因素的綜合考慮，和孝陵比較起來，獻陵等前期七陵及昭陵等後期三陵的寶頂和寶城形制均發生了很大變化，啞吧院的形制也相應出現了顯著差异。

在前七陵中，寶頂都是『小冢半填』，周邊衹及寶城的裏牆根，没有像孝陵和長陵那樣填築到同寶城頂面相平。同時，寶頂和寶城的平面尺度也都大大收縮，和長陵相比，獻陵寶城縱深縮短五分之一，寬度收小一半；另外六陵的規模更小，最窄的景陵寶城，寬度衹是長陵的三分之一。至于寶城平面，較特殊的是景陵寶城，大體為長方形，僅後部略呈弧形；再就是串聯在顯陵舊寶城後面的新寶城，平面為圓形；舊寶城則和景陵以外其他五陵的寶城一樣，都是縱深遠大于橫寬的長橢圓形。圍合在寶頂和方城之間的啞吧院也不再是孝陵那樣的矩形平面，而均呈月牙形平面。院内正對著方城門洞券，各建有一座獨立的琉璃影壁；影壁後面，順著寶頂封土的前緣，圍砌有一道兩翼向後彎曲成弧形平面的磚牆，用來攔擋和圍護寶頂封土，構成啞吧院的後部界面，稱為月牙城。由于寶頂前緣封土低緩，月牙城也僅高兩米左右。在茂陵，月牙城中段還縮呈凹形平面，凹口兩側各建有一座石柵欄門和踏跺，可直接登上寶頂；而在其他各陵，月牙城中段平直，進升寶頂的入口設在月牙城兩翼弧綫的盡端，也分別建有石柵欄門和踏跺。與此同時，在各陵方城兩側同寶城相聯的裏凹角，還都貼著寶城内壁附設有兩折而上的礓礤坡道，又叫轉向磴道，作為登臨方城明樓和寶城的通道。

前七陵月牙城的兩端，都没有同寶城連接，被環砌在寶頂和寶城牆根之間的排水明溝分隔開來。水溝斷面呈倒八字形，寬一米多，匯集寶頂上的雨水從寶城下的涵洞向外排出。其中獻陵的涵洞達二十二個，用城磚砌券，環列在寶城牆根；其他各陵都衹有一對涵洞，分設在啞吧院左右兩邊的寶城下，用大料石即花崗石砌成方孔。寶城馬道上的雨水，衹有顯陵是從環布在寶城外周垛口下的石雕龍頭形溝嘴向外排除；其他六陵都從寶城内側宇牆下向裏懸列的挑頭溝嘴泄出，落到寶頂周圍的磚砌明溝中，和寶頂上的匯水一同向外排除。

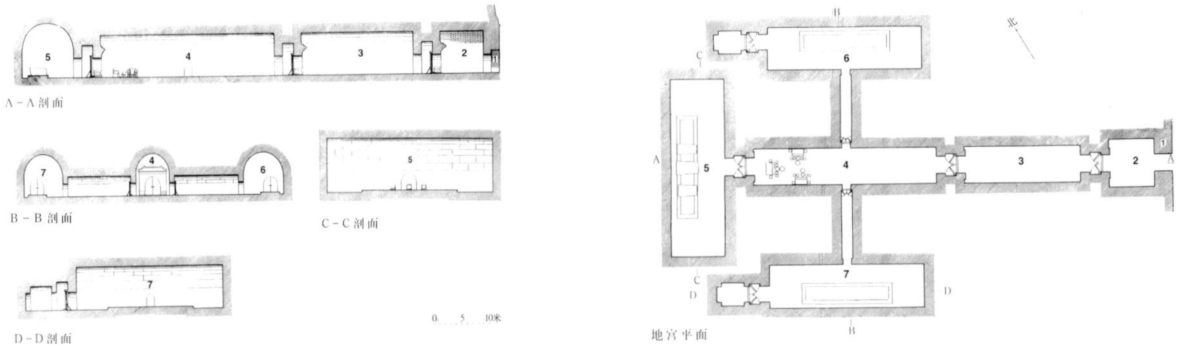

圖七　明定陵地宮平面及剖面圖（中國社會科學院考古所等編《定陵》，文物出版社，一九九○年版）

1—金剛牆；　2—隧道券；　3—前殿；　4—中殿；　5—後殿；　6—左配殿；　7—右配殿

至于昭陵、慶陵和德陵等後三陵，同前七陵比較，寶頂、寶城的縱深進一步縮短，僅略大于橫寬，平面呈接近圓形的短橢圓形。同時，寶頂封土周邊都填高到和寶城頂面相平；啞吧院的後部界面即圍護寶頂封土的月牙城，平面仍呈中段平直兩翼後曲的凸弧形，牆體却隨封土加高到和寶城相平，兩端直接同寶城聯成一體，正對方城門洞券的琉璃影壁也砌合在月牙城外壁。登臨寶頂和方城明樓都改由啞吧院兩邊類似前七陵的轉向蹬道上行，經寶城馬道抵達。進升寶頂的入口形制類似永陵、定陵，一左一右對稱設置在寶城和月牙城頂面的結合部位，各從分隔寶頂的寶城宇牆上開出一座石柵欄門。此外，寶頂及寶城上的排水系統，也大體參照永陵和定陵，用環繞在寶頂和寶城宇牆之間的磚砌明溝來匯集雨水；水溝斷面也呈倒八字形，其中還設有幾個吊井溝桶，將匯水引入寶城下的暗溝向外排除。啞吧院內的地面用磚石鋪墁，中部較高而兩旁稍低，雨水向兩邊分流，可以從分設在兩翼寶城牆下的石砌涵洞泄出。

在前七陵和後三陵啞吧院的經營中，通入地宮的隧道及地宮入口的建置和防護，實際也是統籌考慮的重要因素。清初梁份經過實地考察并咨詢明朝遺老，在《帝陵圖説》中就曾明确指出，十三陵中貫通方城的門洞券『其下蓋隧道也』。事實上，在已經發掘的定陵，直通地宮入口的隧道，也正建在方城後面的陵寢中軸綫上，衹是方城没有設置門洞券，隧道前段纔向右彎折，從方城右側寶城開闢的『隧道門』穿出地面。而在仿照明代帝陵、尤其是後三陵規制經營的清代帝陵，遺存圖檔和已開放的地宮實況都确切顯示，隧道也正是從方城門洞券中部地面開始下斜，穿過啞吧院直抵月牙城下的地宮入口；待帝后葬入地宮，隧道填平，地表用磚石墁砌成神道，纔在地宮入口上修建琉璃影壁附于月牙城。

從這些情況看，在前七陵，地宮深埋在狹長的寶山後部，通達地宮的隧道既長又深，地宮防護得到保障，葬禮後填塞隧道并培築封土，就不必像長陵那樣把周邊填高到同寶城相平；而寶山前部封土順勢降成緩坡，攔土的月牙城也不用砌得太高大。這樣，通過啞吧院直接從月牙城兩側或中部登臨寶頂，施行負土禮，也更加便捷。在這些陵寢大都是皇帝死後倉促經營的情况下，這種規制還可以有效減少培築寶山和砌築月牙城的工程量，節省經費并縮短工期，避免像永陵封土竟然填築四十多年而難以蕆事的尷尬局面。

在後三陵，寶城的縱深不及前七陵，隧道縮短，為地宮安全，寶山前部培築封土勢必相應加厚；而由于封土面積大幅度減小，加厚封土和加高月牙城，工程耗費也不致超過前七陵。在加高封土後，為使結構穩定，攔擋封土并護衛地宮的月牙城，也有必要相應增高加厚并同兩翼寶城聯成整體。而琉璃影壁同月牙城砌合，既使月牙城更臻穩定，在空間效果上也能削弱因月牙城增高造成啞吧院的局促壓抑。這樣，施行負土禮時上達寶頂的通道，部份承襲前七陵，部份仿效長陵、永陵和定陵，也是順理成章的事。而這種形制，原本出自明神宗朱翊鈞像永陵那樣『一體加倍』培築昭陵寶頂，以使皇考与皇祖的陵寢同制，實際也是為他預建定陵『仿永陵制』創造依据；此後，這一規制又相繼被慶陵与德陵效仿而臻于定型。

（六）豪華的定陵地宮：明代帝陵地下宮殿的典型實例

安厝帝後靈柩的地宮，在明代文獻中，又稱為地中宮殿、玄宮、玄堂、玄寢、幽宮、金井等，實際是各帝陵的核心，位置隱蔽，防護嚴密。而對地宮建築制度，就連『明代官修典章制度大全』的《明會典》或《明史·禮志》等典籍中，都缺乏明确記載。直到一九五七年定陵地宮經考古發掘重見天日以後，明代帝陵地宮的建築制度纔霧散廓清了。

定陵地宮掩蔽在寶城中央的寶頂下面，從寶頂到地宮的地面深達三一·五米，合明代營造尺整一〇〇尺。整個地宮以大小共三十二道雙心圓券形的磚石筒拱構成殿堂、門户和廊廡等，循著陵寢中軸綫坐西向東對稱布局，按左、中、右三路組成宏大的『地中宮殿』群，縱深達八七·三四米，橫展四七·八二米，净面積達一一九五平方米（圖七）。

處在陵寢中軸綫上的中路券室，順序串聯有隧道券、前殿、中殿和後殿，間隔著三道形制相同的門洞券石門。其中，隧道券是從方城後的外部隧道下進地宮各殿堂的過渡空間，平面見方七·九〇米，高七·三〇米，石板墁地，磚構券頂，邊牆和外部隧道側牆相一致，都用條石砌成。隧道券的前牆，砌有條石下肩，牆身用城磚，當中用立、卧各五層城磚砌成券洞，作為地宮的入口；外面還用一道條石下肩、城磚牆身、覆蓋黃琉璃瓦頂的金剛牆同隧道隔斷。隧道券的後牆則全用條石砌築，中間開設門洞券石門，作為地宮前殿的大門。

門洞券串聯有三道石券，中間一道尺度較大，容納門扇啓閉，稱為閃當券；頭道石券稱為罩門券，正面從隧道券後牆凸出，用大件青白石雕成居中懸有斗匾的門樓。門樓兩邊下肩雕作仰覆蓮須彌座，拱形門洞上覆蓋冰盤檐承挑的廡殿瓦片，即雕出檐椽、瓦壟及吻獸脊飾的廡殿頂，以勾頭筒瓦坐中，是典型的官式瓦作做法。門上檻背面橫貫有一根重九吨的黃銅管扇，兩端嵌進閃當券的側壁，就是天啓朝萬燝《陵工紀事》所説『冶造甚艱』的『門之樞紐』。兩扇對開的石門用整塊青白石雕成，上軸就套在管扇兩邊的圓孔即轉身眼裏，半球形的下軸則由門下檻左右門枕石的圓槽即海窩支承。正面雕有縱橫各九排的門釘和銜環鋪獸的門扇，門軸一側較厚，外側減薄一半，重量減輕而重心偏向門軸，由此減小了門軸承受的力矩。同鋪首對位，門扇背面還雕出凸梗，叫做自來石磕絆；掩閉石門時，用一塊稱為自來石的石條上端頂住這個磕絆，下端落在閃當券地面中間鑿留的小石槽裏，使石門扇不能輕易從外面推開。

從這座構造精巧而造型端莊的門洞券石門往裏，是地宮的前殿，寬六米，縱深二十米，高七・二米，牆體和拱頂全用青白石構築，地面則用二尺二寸見方的金磚磨縫墁砌；後牆中央屹立著另一座門樓，就是地宮中殿的大門，形制和前殿大門即第一道門洞券石門相同。

中殿的寬、高，牆體、拱頂、地面以及後牆上第三座門樓的做法，都和前殿相同，而縱深達三十二米，合營造尺一百尺，則長于地宮所有殿堂。此外，中殿兩邊側牆還都居中開有一道小門洞券，不出門樓，兩扇對開的石門用青石雕製，没有門釘，門檻、門枕、黃銅管扇和自來石等尺度也都相應縮小。這兩座小門洞券，就是分別通進地宮左、右兩路配殿的橫向甬道入口。中殿以四面的石門聯通地宮其他殿堂，實際具有地宮空間樞紐的性質。和前殿没有陳設不同，在中殿後壁的石門即後殿大門前，呈品字形設有三座椅形石雕神座，紋飾精緻，其中區別顯著的是，居中靠後的皇帝神座靠背和扶手均雕出龍頭，兩旁皇后的神座則雕成鳳頭。各神座前橫列有五件束腰圭角石雕圓座，置放黃琉璃五供，居中為香爐，兩旁燭臺和花瓶各一對；各五供前還有一口儲存香油及燈芯的青花雲龍大瓷缸，安放在圓形石雕仰覆蓮須彌座上，稱為長明燈或萬年燈。另外，各神座的兩側還都設有一對方形石雕仰覆蓮須彌座，用來放置隨葬器物。

處在地宮盡端的後殿也稱為皇堂，是地宮和整個陵寢的核心，橫寬三〇・一米，進深九・一米，高九・五米，是地宮中跨度、高度、面積和容積最大的殿堂。皇堂的牆體和拱頂用青白石條砌築，地面鋪墁磨光的大件方形花斑石，格外絢麗豪華。靠近皇堂後壁并正對著陵寢中軸綫，橫設有長方形平面的寶床即棺床，面寬十七・五米，進深三・七米，高〇・四米，周邊用青白石雕成仰覆蓮須彌座，床面也鋪墁花斑石，中心還鑿有稱作金井的小方孔，充填黃土。明神宗朱翊鈞的梓宮就居中安奉在這眼金井上，左、右分別停放著兩位皇后的棺槨。

同中殿平行，地宮左右兩路分別對稱布置有一座券室，即左右配殿，也稱為左右壙或左右側穴，各有一道同地宮中軸綫十字相交的甬道及石門聯通中殿。配殿各寬七・一米，深二十六米，高七・四米，從地面到拱頂全用青白石構築。靠近側壁并同通向中殿的甬道正對，還各有一座較小的石雕寶床，床面鋪墁金磚，中央留有金井，但没有棺椁。此外，方向和中路相反，兩座配殿後牆還各設有門洞券石門、隧道券及金剛牆，外面還各有隧道，稱為左道和右道。配殿後牆的石門尺度稍小，不出門樓，門扇没有門釘，其他做法都和中路大體類似。

据文獻記載，定陵地宮制度肇自永陵地宮『仿九重法宮為之』。九重法宮，原指皇宮中的寢宮，曹魏學者如淳注《漢書・晁錯傳》就指出：『法宮，路寢正殿也。』在明代，如《明神宗實錄》提到萬曆二十四年（一五九六年）三月乙亥坤寧宮、乾清宮失火，朱翊鈞也曾哀嘆『法宮嚴寢一時盡灰』。事實上，『仿九重法宮為之』的定陵地宮前、中、後三殿，就正与紫禁城中乾清宮、交泰殿及坤寧宮的布局意象吻合，左右配殿則和乾清宮兩旁居住后妃的東、西六宮位置相應，而祔葬后妃也正是地宮建置左右配殿的初衷。如《萬曆起居注》記載，朱翊鈞曾想在地宮右壙祔葬敬妃李氏，閣臣們指出：『玄堂之旁製設左右側穴，推其初意，或者以待諸妃，但從來未經祔葬。』再早的《嘉靖祀典》還説：『帝后合葬，諸妃陪葬，古今經常之制。英宗遺詔：皇妃他日宜合葬，惠妃亦當遷來；以後諸妃次第祔葬。』而同朱祁鎮這一遺詔相應，《明憲宗實錄》、《明孝宗實錄》及《明史・后妃傳》等都明确提到，孝莊皇后錢氏『葬裕陵，异隧，距英宗玄堂數丈許，中窒之，虛右壙以待周太后』。

從文獻記載看，觀照并體現皇宮中寢宮的建築制度，也是明代帝陵地宮制度沿襲已久的傳統。定陵『仿永陵制』的地宮制度，据《明世宗實錄》記載，就是『量依長陵規制』，對長陵以來『舊仿九重法宮為之』的『地中宮殿』『稍存其制』而確定的。也就是説，永陵和定陵實際繼承了長陵以來的地宮制度。對此，萬曆朝工部官員何士晋《工部廠庫須知》提到：『各陵地宮上伏檐、下伏檐共九座。每一座吻五對，獸頭八個；共吻四十五對，獸頭七十二個。』顯然，當時已有的九座帝陵，即長陵以來的各帝陵地宮，都覆蓋有琉璃瓦頂并安設吻獸。『每一座吻五對』説明各地宮都有五組殿頂，也就是都建有五座主要殿堂，正脊各安設一對吻獸。而每座地宮『獸頭八個』，按五座殿堂呈『十』字形平面分成前、中、後、左、右配置的格局分析，當是對應于殿堂之間的四個結合部位，在四座較小的琉璃瓦頂上成對安設的脊獸。

嗣後，曾參与慶陵建設的工部官員萬燝的《陵工紀事》明確指出：慶陵地宮『有前殿、中殿、後殿，重門相隔。』從慶陵規制承襲昭陵，德陵效仿慶陵的情況看來，這三座明代後期帝陵的地宮建築制度也應是一致的。其中，或許因為『避尊節財』而撤去了左右配殿，但在主體格局上，却仍然體現了長陵以來帝陵地宮建築制度的基本傳統。

三　多樣化的明代藩王墳

（一）下天子一等的明代藩王墳

据《明史・諸王傳》等記載，明代開國不久，朱元璋曾經『衆建藩輔所以廣磐石之安，大封疆土所以眷親支之厚』，建立了封藩制度，册封二十四個兒子為親王，并授予軍政大權，藩鎮全國各地，以强化家天下的專制統治。此後，從明惠帝朱允炆到明思宗朱由檢，多數皇帝都曾經册封皇子為親王，『授金册、金寶，歲祿萬石，府置官屬，護衛甲士少者三千人，多至萬九千人。……冕服、車旗、邸第，下天子一等。』在這一世襲的封藩制度中，親王的嫡長子還要封為世子，在親王死後承襲王位；親王的其他諸子封為郡王，郡王死後由立為郡王世子的嫡長子繼位；親王和郡王又通稱為藩王。此外，還有郡王的其他諸子授為鎮國將軍，諸孫授為輔國將軍，曾孫授為奉國將軍，等等。

封藩制度同喪葬禮制直接關聯，相應形成了藩王墳塋建築制度。如《明會典》規定親王喪葬事宜：『喪聞，上輟朝三日；禮部奏差官掌行喪祭禮；翰林院撰祭文、謚册文、壙志文；工部造銘旌，差官造墳；又欽天監取官一員前去卜葬。』其中『差官造墳』，由工部屯田清吏司職掌。《明會典》還規定，王妃『有先故者并造其壙，後葬者止令所在官司起倩夫匠，開壙安葬；繼妃則祔葬其旁，同一享堂，不許另造』。藩王的後裔則『令親王、郡王、鎮國將軍，各于始封父祖塋，序昭穆葬』。藩王墳建築制度為朱元璋創立，後世皇帝也曾屢予調整。如《明會典》記載，永樂八年（一四一〇年）『定親王墳塋：享堂七間，廣十丈九尺五寸，高二丈九尺，深四丈三尺五寸；中門三間，廣四丈五尺八寸，高二丈一尺，深二丈五尺五寸；外門三間，廣四丈一尺九寸，高、深与中門同；神厨五間，廣六丈七尺五寸，高一丈六尺二寸五分，深二丈一尺五寸；神庫同；東西廂及宰牲房各三間，廣四丈一尺二寸，高、深与神厨同；焚帛亭一，方七尺，高一丈一尺；祭器亭一，方八尺，高与焚帛亭同；碑亭一，方二丈一尺，高三丈四尺五寸；周圍牆二百九十丈；牆外為奉祠等房十二間』等等。其中，除了石像生、明樓及地宮等没有規定外，建築

圖八　明代藩王墳平面比較圖

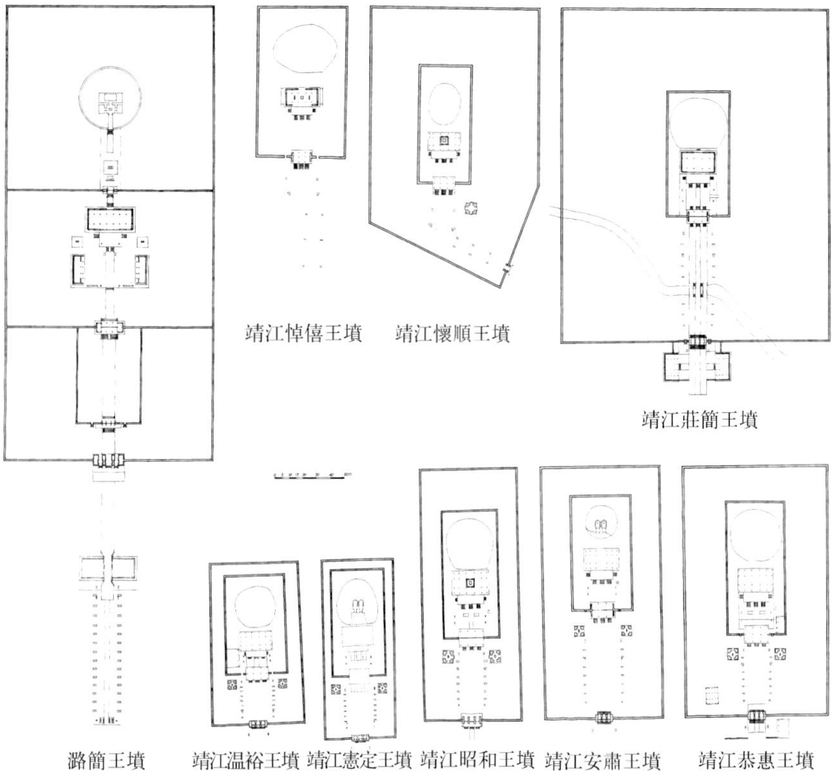

配置『下天子一等』，即類似帝陵而尺度規模減小，是顯而易見的。

按《明史・諸王世表》統計，明代封藩制度的貫徹結果，在全國各地建置的藩王墳，建築規制僅次于帝陵的親王墳就不下二六七座，郡王墳更多達一四〇〇座以上。大量藩王墳的建置，實際成為明代國家建築活動的重要內容，其中，遺存至今的實例也為數衆多。

建築格局較完整的親王墳實例，建置最早的是洪武十五年（一三八二年）建于湖北武昌縣靈泉山的楚昭王朱楨墳、洪武二十二年（一三八九年）建于山東鄒縣九龍山的魯荒王朱檀墳；而萬曆四十二年（一六一四年）建于河南新鄉五龍崗的潞簡王朱翊鏐墳，則是明代晚期的典型實例。至于親王墳地宮，除了楚昭王、魯荒王和潞簡王墳而外，永樂初年建于河南禹縣老官山的周定王朱橚墳，永樂二十二年（一四二四年）建于湖北江陵縣八陵山的遼簡王朱植墳，宣德九年（一四三四年）建于四川成都正覺山的蜀僖王朱友壎墳，正統二年（一四三七年）建于江西新建縣西山的寧獻王朱權墳，弘治四年（一四九一年）建于寧夏同心縣韋鄉的慶莊王朱邃塀墳，正德三年（一五〇八年）建于蜀僖王墳旁的蜀昭王朱賓瀚墳，嘉靖十八年（一五三九年）建于江西南城縣金華山的益端王朱佑檳墳，萬曆四十年（一六一二年）建于湖南常德德山的榮定王朱翊鈐墳的地宮等，都是各具特色的重要實例。

建築格局遺存完整的郡王墳實例，以成化五年（一四六九年）建于廣西桂林堯山的靖江莊簡王朱佐敬墳最為典型。聚族葬在堯山下的其他靖江王墳，即始建于永樂六年（一四〇八年）的悼僖王朱贊儀墳、天順二年（一四五八年）的怀順王朱相承墳、弘治二年（一四八九年）的昭和王朱規裕墳、正德十一年（一五一六年）的端懿王朱約麒墳、嘉靖四年（一五二五年）的安肅王朱經扶墳、嘉靖十六年（一五三七年）的恭惠王朱邦薴墳、萬曆十年（一五八二年）的康僖王朱任昌墳、萬曆十八年（一五九〇年）的溫裕王朱履燾墳、萬曆三十七年（一六〇九年）的憲定王朱任晟墳、萬曆四十年（一六一二年）的榮穆王朱履佑墳等，建

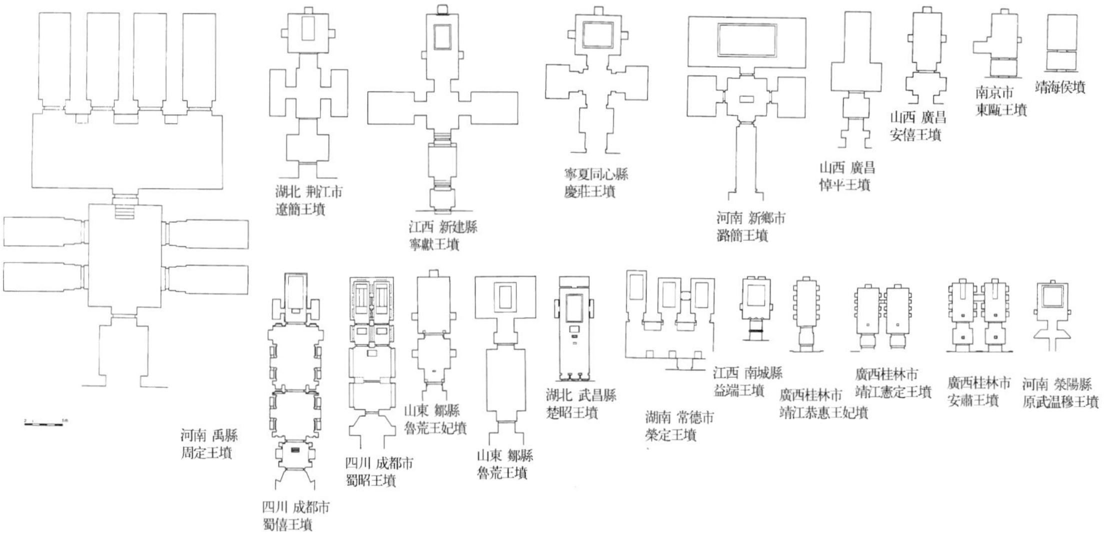

圖九　明代藩王墳地宮比較圖

築遺存格局也比較完整。其中安肅王墳、憲定王墳的地宮，以及萬曆三十年（一六〇二年）建于河南滎陽的原武温穆王朱朝墡墳的地宮，則是郡王墳地宮的重要實例。

大量實例表明，明代各藩王由于分封時期、就藩地域文化習俗等差别，由于與在位皇帝親疏關係的不同，也由于藩王墳塋建築制度歷經調整，却對牌坊、望柱、石像生、明樓及地宮等没有明確規定，這種種原因，導致藩王墳的建置常同典章制度相出入，各藩王墳的建築布局、規模、形制等也往往互存差异，甚至是相當懸殊的差异（圖八）。

比如，從典章制度的角度看，早期的楚昭王、周定王、寧獻王墳等都是在生前預建的，就和《明會典》有關藩王死後報聞朝廷纔差官造墳的規定明顯出入。

又如《明會典》提到，永樂八年（一四一〇年）規定的親王墳塋制度曾包括『碑亭一，方二丈一尺，高三丈四尺五寸』。而《明英宗實錄》指出，正統二年（一四三七年）十二月乙亥明英宗朱祁鎮曾『書復靖江王佐敬』：『得奏為悼僖王立碑以彰懿行，其見王之孝誠。因命禮部稽洪武、永樂間例，皆無親王及郡王立碑者，故不敢從王所請。』此後不久，楚憲王朱季堄撰《楚昭王之碑》却提到：『昭園、莊園未有樹碑，昕夕靡寧，敬述梗概，上聞于朝。……仰荷玉旨，謂國家先代陵碑，皆後聖親述，用克祥也。爰命季堄自述其詞。』正統十二年（一四四七年）三月，楚昭王墳首開先例，建立了神道碑亭；及後世各楚王墳，也相繼循例建置。在靖江王墳，朱祁鎮『不敢從王所請』的聖諭，使悼僖王朱贊儀墳和莊簡王朱佐敬墳未敢立碑建亭；但据嘉靖朝《廣西通志·陵墓志》記載，天順二年（一四五八年）怀順王朱相承薨逝，朱祁鎮又曾『遣行人劉秩、廖俊、張戟、應朝諭祭，复命藩閫責所司董治墳塋，長史黄均撰神道碑。』在建置這座神道碑亭以後，歷代靖江王墳都各在墳園的中門前對稱建有兩座神道碑亭，在總體上成為神道碑亭最多的明代藩王墳。

此外，藩王墳配置石像生，明代典章制度没有明确規定。据《明英宗實錄》記載，天順元年（一四五七年）閏三月，晋莊王朱鍾鉉因為『曾祖晋恭王、曾母恭王妃、父晋憲王三墳塋無翁仲石人』，奏請添設；『事下工部，覆奏：「近年各王府墳俱無翁仲石人。」乃弗興。』但在事實上，這以前的親王墳如洪武二十八年（一三九五年）始建的秦愍王朱樉墳和嗣後的各秦王墳，郡王墳如永樂六年（一四〇八年）始建的靖江悼僖王墳以及嗣後的各靖江王墳，都建置有望柱和石像生。各靖江王墳的石像生多包括石獅、獬豸、羊、虎、麒麟、象、馬与控馬官、王府内官、女官、宦官等。獨立的王妃墳、鎮國將軍、輔國將軍和奉國將軍墳，也都設置了一定數量的石像生。

至于藩王墳的地宮制度，也一向没有明文規定；從已知實例看來，各藩王墳的地宮呈現出多樣化的狀況，比地面建築制度的差別更大（圖九）。

儘管這樣，從整體上看，明代藩王墳塋的建築制度也有不少共性。作為明代陵墓建築體系的重要組成部分，在建築形制、規模等級方面，在建築技術和藝術質量方面，郡王墳都明顯遜于親王墳，親王墳則又遜于帝陵，但都采用了縱向院落的建築組群布局方式。在具體的建築工程做法上，還大多采用了較典型的官式做法，也因此成為明代官式做法的重要實例。

（二）潞藩佳城：明代藩王墳的典型實例

在現存的明代藩王墳中，建築規制最接近帝陵，布局最為嚴整，規模也最宏大，典型體現了『下天子一等』禮制特色的實例，是河南新鄉五龍崗的潞簡王朱翊鏐墳。

朱翊鏐為明穆宗朱載垕第四子，明神宗朱翊鈞的同母弟，隆慶五年（一五七一年）二月，年僅三歲就封為潞王；後來又被朱翊鈞推重為『皇室懿親』、『諸藩觀瞻』，格外恩寵。萬曆四十二年（一六一四年）五月，朱翊鏐死在河南衛輝府，謚稱潞簡王，翌年八月安葬。朱翊鈞御賜《潞簡王壙志》强調『遺勛臣諭祭，命有司治喪葬如制』，更『賚予賻賵，備極優厚，稱异數云』，墳園建築規制也因此遠比其他親王墳隆重。而在萬曆二十九年（一六〇一年）二月，朱翊鈞還欽准為朱翊鏐次妃趙氏建置了豪華的墳園，毗鄰朱翊鏐墳園西面。

作為兩座墳園的主體，朱翊鏐墳園的整體布局類似帝陵，北面倚負五龍崗為底景性的『鎮山』，建築組群循著中軸綫坐北朝南布置。南部建置牌坊、望柱和石像生等，構成墳園的引導空間；北部則周匝牆垣，分三進院落配置對應的建築，構成前朝後寢格局的祭祀空間。與此同時，墳園建築也有不少獨出機杼、甚至明顯逾制的做法，形成了獨有風貌。

墳園南端以一座三間四柱衝天式石牌坊為起點，題名『潞藩佳城』，鐫刻在明間縧環板上。牌坊的東、西兩梢間下方分設石雕須彌座臺基，石鋪神道從明間穿過。和明間大于兩梢間的高寬比例對應，聳立在臺基上的四根方柱、戧護在石柱前後的抱鼓石、橫貫在柱間的大小額枋和縧環板，也都是明間比梢間更高大。明間大額枋當中還凸起仰覆蓮須彌座，冠表著一條南向的蟠龍。同時，各石柱頂也都雕有須彌座和昂首向南的蹲龍，柱四周及各大小額枋的正反兩面則滿雕雲龍寶珠。此外，牌坊兩旁還對稱峙立著一對石雕望柱，除了下設仰覆蓮須彌座而不安抱鼓石外，整體造型和尺度，包括望柱頂須彌座上的蹲龍，都類似牌坊明間的石柱。整體協調呼應的牌坊和望柱，尺度宜人，造型精美，强烈的向上張力和動勢，激起視覺上的仰崇感，强化了建築組群序列起點和引導標志的空間藝術效果。

牌坊和華表迤北，神道筆直延展，兩旁肅立有十六對石像生。其中前六對蹲姿异獸，名目待考；往後是卧姿石羊，蹲姿石虎、獅、獬豸、麒麟，以及立姿駱駝、象、馬各一對；石馬旁邊還佇立有握韁提鞭的控馬官；最後是一對怀抱笏板的王府内官，恭立在石像生群北端的臺階上。這一對對儀態紛呈、雕刻精美的石像生，組合為韵律節奏强烈而氣勢宏壯的儀仗隊列，形成了莊嚴肅穆的空間氛圍。然而，比較明代帝陵石像生中不同種類的石獸，祖陵祇有三種，皇陵與顯陵各五種，孝陵和長陵也不過六種，潞簡王墳却多達十四種，清初《新鄉縣志》指謫潞簡王墳『營造逾制』，也由此可見一斑。

石像生群北面，神道跨過一座建在長方形白條石水池上的三孔石拱橋，直抵墳園外門月臺前的連面大礓礤。外門類似長陵、永陵和定陵的陵門，但規模稍小，造型平實凝重，三道拱門前分設垂帶踏跺，一色的青石牆上，以石雕冰盤檐承托單檐綠琉璃歇山頂。外門兩側還延出高大的青石牆，覆蓋綠琉璃瓦，呈縱向長方形平面圍合著墳園後區建築群。

進入外門不遠，又一道青石牆拔地而起，中央横展有高臺，前出寬大的垂帶踏跺，臺上屹立著明間絛環板題刻『維岳降靈』的三間四柱石牌坊。和『潞藩佳城』坊比較，這座石坊也是明間比梢間高大，各額枋及兩根邊柱也雕飾雲龍寶珠，但戧護抱鼓石的四根方柱頂都以大額枋横壓，挑出碩大的冰盤檐和雕有檐椽、瓦壟及脊飾的單檐屋頂。其中，梢間落低，正脊同明間大額枋相平，内側雕成懸山頂，博風板緊貼明間石柱；外側和明間一樣，雕作廡殿式樣。明間廡殿頂以勾頭坐中，正脊中央還高高騰起兩條交纏的團龍，擎托著火焰寶珠。與此呼應，明間的左右兩柱正面，上部也凸鏤團龍，下部則鎸刻稱頌風水形勝的楹聯。而和這些雕鏤形成强烈反差的是，横卧在牌坊下的青石月臺及踏跺，延展在牌坊兩翼的青石牆以及東西角門和踏跺，都不作任何雕飾，凝成了渾融一體的洗練、素雅和寧靜穩重，鮮明襯托出牌坊造型的雍容端莊和華麗飄逸，凸顯出『維岳降靈』境界的崇高和神聖。

牌坊兩翼的青石牆，把墳園的第一進院落分成凹字形平面的裏、外兩院。穿過牌坊進入内院，神道朝北展向墳園的中門。中門類似帝陵的祾恩門，面闊五開間，進深三間，覆蓋綠琉璃單檐歇山頂。其中，柱礎雕成碩壯的覆盂形，并帶有厚實的礩；梢間的檻牆和山牆也采用青石砌面，内壁襯砌城磚，都是別具一格的做法。

從中門進入第二進院落，在迎面一座寬闊的石平臺前沿，左右對稱、氣勢雄渾地橫列著一對石望柱和五對石碑。望柱形制和『潞藩佳城』坊旁的望柱相同；尺度劃一的石碑都是龍首方趺，分別鐫刻著明熹宗朱由校、福王朱常洵、内閣首輔申時行等的祭文；各石碑兩側還豎有巨石護壁，覆蓋帶有冰盤檐、博風板、檐椽、瓦壟及脊飾的石雕單檐懸山頂。

望柱及石碑稍北，神道兩旁對稱配置有東、西廂房，相當于帝陵祾恩殿前的配殿，面寬五開間，前出廊，臺基和牆面全用青條石砌築，覆蓋單檐硬山頂。廂房北面，也就是享堂月臺的東西兩側，還對稱建有方形碑亭各一座，分別豎立著明神宗朱翊鈞和東宮遣使致祭的祭文碑；石碑式樣也是龍首方趺，但比廂房南面的石碑更高大。

院落北部居中坐落著享堂，規模類似遜制型的帝陵祾恩殿，面闊七間、進深三間，是墳園内等級最高的主體建築。享堂前月臺的石雕須彌座臺基、安設丹陛的正面踏跺以及兩側抄手踏跺，都圍有白色雕欄。享堂的石柱礎類似中門，體量更大。後檐明間開設後門并延出垂帶踏跺，則顯然仿自永陵和定陵。別出心裁的是月臺正面踏跺的抱鼓石前還配置有一對高大的石獅，蹲踞在神道兩旁的須彌座上；月臺左右角又陳設有一對大型石雕神帛爐，下設束腰圭角圓座，爐體為三足雙耳圓鼎，爐蓋則雕作單檐攢尖圓亭式樣。

享堂北面，東西橫貫著又一道青石高牆，當中拔起一座石雕兩柱衝天式火焰牌坊，兩翼連綴石雕照壁，錯落有致地峙立在前出垂帶踏跺的高臺上，造型比『潞藩佳城』和『維岳降靈』牌坊輕靈素雅。戧護著抱鼓石的方柱貫聯大小額枋及絛環板，僅琢出檻框及門簪；大額枋上則居中兀出荷葉墩和蓮座，騰起火焰寶珠；高出大額枋的柱頭，左右伸出雕鏤祥雲和日月圖案的雲版，柱頂須彌座上是朝向火焰寶珠的蹲龍。牌坊兩旁小巧玲瓏的照壁都用整件青石雕成，仰覆蓮須彌座上是平整光潔的牆心，外邊突出挺直的馬蹄柱，上橫額枋和冰盤檐承托著石雕單檐懸山頂，也是博風板、檐椽、瓦壟和脊飾一應俱全。

火焰牌坊實際把帝陵的陵寢門和二柱門兼容一體，北面不遠的中軸綫上則像帝陵那樣配置了石五供，是明代藩王墳中僅有的實例。而同帝陵規制有出入的是，石雕香爐、花瓶和燭臺比例修長體量碩大，都有石雕束腰圭角底座，陳設在仰覆蓮須彌座式的石祭臺南，并没有安放在祭臺上；三足雙耳圓鼎形的香爐，頂蓋雕成下方上圓的重檐攢尖頂『龍亭』，而不是龍雲頂蓋；方壺形的花瓶和束蓮形的燭臺，造型及細部雕飾也都別具一格。

緊鄰石五供北面，見方三丈的高大石臺上聳峙著明顯仿效帝陵的明樓，中央樹立龍首方趺石碑，篆額『皇明』，碑身南面鐫刻大楷『敕封潞簡王之墳』，背面鑿為朱翊鏐生辰：

『隆慶戊辰貳月初五日寅時降生，萬曆甲寅五月十五日辰時薨逝』。這樣的明樓，除了山東鄒縣的魯荒王墳而外，在明代藩王墳中也是罕見的。

和帝陵明樓与寶城連接一體的布局不同，朱翊鏐墳的寶城兀立在明樓迤北。圓形平面的寶城直徑達十四丈，陡峻的城牆全用白色條石構築，頂部出挑冰盤檐和瓦壟，南面居中開設拱門的角柱、券臉、檻框以及門前的垂帶踏跺，却都采用青石雕造，造型渾樸簡潔，形成了莊嚴肅穆的氛圍。此外，在寶城拱門內，西側設有旋轉踏跺，可登上封土堆培的寶頂。寶頂周邊填築到同寶城牆頂相平，安放朱翊鏐靈柩的地宮就深深掩蓋在寶頂下面。

至于朱翊鏐墳園西邊的趙妃墳園，雖為潞簡王墳的從屬部分，但却更早開啓了『營造逾制』的做法。朱翊鏐墳園內『維岳降靈』牌坊、內門、享殿、火焰牌坊、石五供、明樓和寶城等，事實上就都參照了趙妃墳園的相關建築，導致了兩座墳園的類似。不過，趙妃墳園前没有牌坊、望柱、石像生等，僅屏以磚雕影壁；外門為城樓式樣，城臺開出三道券門，門後東西兩側分設踏跺，可登臨面闊五間的單檐城樓；門前還配置石獅一對，兩翼圍合墳園建築群的青石高牆則呈前方後圓平面；而墳園後部寶城兩側，還建有陪葬侍女墳各一座。

其中，值得重視的是趙妃墳園的明樓，遺存比朱翊鏐的明樓完好，規模雖不及帝陵，在明代藩王墳中也是僅見的實例。明樓以及下部城臺即方城，均為方形平面，都以青條石砌牆并安設角柱石、四面居中開闢門洞券。明樓覆蓋綠琉璃單檐懸山頂，采用木結構梁架并安設吊井天花；明樓中央，樹立龍首方趺的『敕封潞次妃趙氏墳』石碑，碑陰刻有趙氏的生卒時日，形制和朱翊鏐的明樓碑相同。

（二）多樣化的明代藩王墳地宮建築

現存明代有關文獻，并没有藩王墳地宮建築制度的記載；而已經發現的衆多實例，則存在著多種類型，即使在同一時期或同一地域，形制規模及做法等也多有不同。當然，從整體上看來，這些藩王墳地宮實例也有不少共性。作為明代陵墓建築體系的重要組成部分，郡王墳地宮通常都遜于親王墳，親王墳地宮又大都遠遜于定陵那樣的帝陵地宮。

藩王地宮的經營，大多選擇形勝之地的山麓或高地開槽構築，再培土覆蓋成墳冢；祇有少數是因山為墳，即在山中開鑿洞穴砌券構成地宮，如魯荒王、周定王、益端王墳的地宮等。在結構上，益宣王墳地宮比較特殊，采用簡單的豎穴土壙磚椁，别的藩王墳都用青

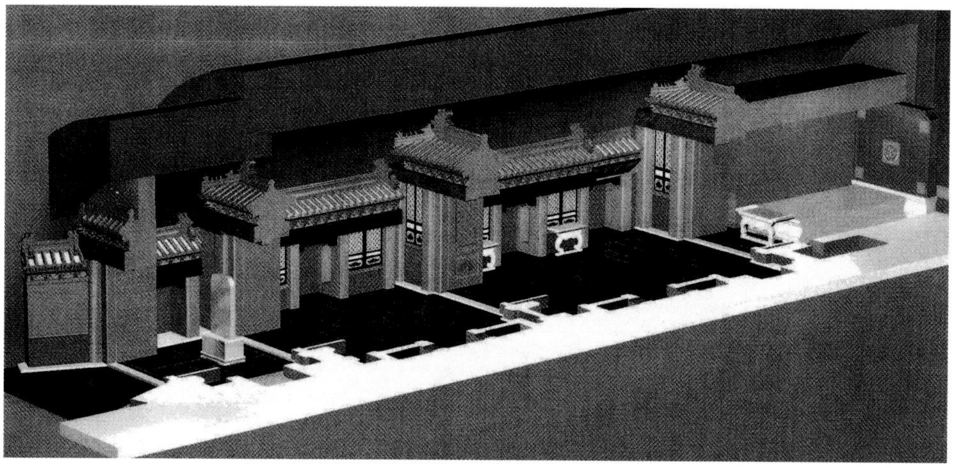

圖一〇 明蜀僖王墳地宮透視圖（劉彤彤等繪）

磚或條石砌築一道或多道筒拱構成地宮券室，并以多種布局形式組合。筒拱尺度不一，規模懸殊，券形則大多采用雙心圓，矢高大于半弦長，類似定陵地宮的做法。但在明初，也有少數實例采用半圓券形，例如魯荒王和楚昭王墳的地宮等。另外，磚拱均采用券伏做法，即用多層城磚立、卧相間砌築，少則三券三伏，如楚昭王墳地宮等；多則七券七伏，如益端王墳地宮等。

地宮券室的組合形式多樣，形成了不同的平面布局類型。其中，非對稱的實例祇有榮定王墳，地宮入口偏置在橫向布置的主室前側，寬、深不盡相同的三座後室并列在主室後面。除此而外，其他實例均采取對稱布局，或沿著中軸綫呈I字形、Ⅱ字形和T字形平面縱向串聯各門洞和券室，或呈十字形平面另外在地宮左右對稱配置側室。

I字形的平面布局最簡單，由一道或兩道縱聯筒拱構成，郡王及王妃地宮普遍采用，如原武温穆王墳、廣昌悼平王和安僖王墳，以及靖江恭惠王次妃劉氏墳的地宮等。略為變通的情況是把兩組I字形平面并列成Ⅱ字形，如靖江安肅王和憲定王墳的地宮等。此外也有不少親王墳地宮采取I字形平面布局。例如益端王墳地宮，就是由一道用作入口的門洞券和安奉棺床的券室簡單縱聯而成，淨面積僅二十三平方米，是規模最小的親王墳地宮實例。楚昭王墳地宮略大，却祇有一道縱向筒拱，前面橫列三座淨高僅一米的小石門作為入口象徵，後部的左、右耳室和後室也小似壁龕。蜀僖王墳的地宮規模較大，也僅在入口門洞券後縱聯一道深長的筒拱，中間橫隔四座門樓，分成四進券室，兩側配置廊房、廂房或耳室。蜀昭王墳地宮後部用隔牆分成兩組并列的券室各兩進，則是I字形平面布局的變通形式。

T字形平面的實例，如全部用青條石構築的魯荒王墳地宮，是在I字形平面布局的前室及兩道門洞券後面，橫向布置安奉棺椁的後室。在《明世宗實錄》等有關文獻記載中，這種形制又稱為『丁字大券』。

地宮呈十字形的平面布局，實例祇有親王墳采用，如遼簡王、寧獻王、慶莊王、潞簡王墳等地宮。其中雖然各有差別，却都循著中軸綫縱向串聯有前室、中室和後室，在中室兩旁橫向配置有左右側室，并在地宮入口和各券室間設置有門洞券，整體布局類似定陵地宮，但規模較小。這類布局的變通形式，如周定王墳地宮，沿中軸綫布置有門洞和券室各四進，包括前室、中室和主室各一座，四座後室并列在盡端；同中軸綫相垂直，中室左右還對稱配置有側室各二座。整個周定王墳地宮縱深四十九米，橫展三十二米，淨面積逾八〇〇平方米，是已知規模最大的藩王地宮；其中，橫向布置的主室尺度最大，寬二五・一米，進深即拱券跨度九・五七米，高九・三七米，總面積達二三九平方米，已接近定陵地宮中最大的後殿即皇堂。

除了楚昭王墳地宮的象徵性小石門而外，各藩王墳地宮内外設門均采取常規尺度，造型和裝修都比較質樸。通常是用磚石築成門洞券或平砌成方形門洞，設置檻框，安裝對開的木質或石質的實榻門扇，少數配有鋪首和門釘。個别實例如寧獻王、益端王墳地宮的入口還采用了木質的插板門。此外，原武温穆王墳地宮的入口，像蜀僖王地宮那樣建置了門樓及八字照壁，門樓還安設一斗三升的磚雕斗栱，覆蓋單檐廡殿頂。

各藩王墳地宮盡端，均設有安奉靈柩的棺床，用磚或石料構築成須彌座式樣。棺床後面和左右的牆壁内，還常常闢有安放隨葬器物的壁龕，多數是後、左、右各一個；個别實例像靖江安肅王和憲定王墳地宮，却各有十八個之多。壁龕一般為小券洞或方洞，祇有寧獻王地宮棺床後的壁龕，采用石雕的仿木構四柱單檐小屋式樣。此外，各藩王地宮棺床前或前部的券室，通常還陳設有供案以及陶俑儀仗和壙志等。

在裝修方面，地宫地面大多鋪墁方磚，祇有蜀僖王、蜀昭王、潞簡王墳等少數地宫鋪裝石板。至于牆面和券頂，大多為素面，魯荒王地宮券壁則抹飾白灰，祇有原武温穆王墳的地宮滿布精緻的彩繪壁畫，較為特别。其中後壁繪有佛像及靈禽、麒麟、大象；左右側壁為帝王、妃嬪、宦侍、菩薩以及亭臺樓閣和各色樂器等；券頂是祥雲和仙鶴繚繞的日月星辰。另外，周定王墳地宮的中室左右側牆及主室後牆同券頂的交界綫上，以磚雕斗栱出挑琉璃瓦披檐，横貫在四座後室和左右各兩座側室的方形門洞上方，這種簡練的裝修方式，也有效强化了中室和主室的空間氛圍，突出了後室和左右側室入口的重要地位。

在已知的藩王墳地宫中，蜀僖王墳的地宮是裝修最精緻的典型實例。地宮由兩道前後縱連、進深達二八・一米的五券五伏磚砌筒拱組成；前一道寬五・二八米，深四・八米，高四・六七米；後一道寬六・八二米，深二三・三米，高五・四一米。四座高大的門樓，把整個地宮分隔成外室、前室、中室和後室等四進券室；前三進券室兩側還分别對稱配置造型精緻的廊房或廂房，後室兩旁則隔出左、右耳室并設小門連通。其中，外室是由外部隧道進入地宮的過渡空間，當中豎有方趺圓首的蜀僖王壙志碑；前室陳設著陶俑儀仗；面積最大的中室設有石供案；後室中央安置石雕棺床停放棺椁。結合《明會典》有關記載看，這座『地中宮殿』的基本格局，顯然刻意參照了明代親王府邸及墳園建築的組群布局，體現出『前朝後寢』的意象，空間序列具有不同的尊卑等級。這在地宮各券室的裝修差别上，也都明顯表現出來（圖一〇）。

從前往後，四座軒昂華麗的門樓，面寬和高度都逐漸增大。塗飾朱紅的圓柱、門框和門扇，繪以青綠彩畫的額枋，都用大件石料鑿成；額枋上均安設磚雕的單翹單昂五踩斗栱以及檁、椽，覆蓋單檐綠琉璃瓦廡殿頂。前門的兩片門扇正面各雕出縱橫九排門釘；二門和四門均為實心鏡面；三門則雕成四抹頭槅扇，心為雙交四椀菱花圖案，裙板雕飾如意雲紋。此外，前門兩側還用磚砌出八字照壁，以一斗三升磚雕斗栱出挑懸山頂；二門兩翼綴有清水磚牆，牆上瓦頂以石雕冰盤檐托出；三門和四門各連帶左右梢間，磚檻牆上裝設染飾朱紅的石雕槅板和青黑色的石雕槅扇窗，槅心式樣類似三門的槅扇。

前三進券室左右廊房或廂房的配置，也顯現出不同的尊卑等級。其中，外室左右廊房僅各一間，前室兩旁廂房各三間，中室兩側則配置有三間廂房和單間廊房各一座。各廊房和廂房的檐柱、額枋和花牙子，以及各廂房梢間裝設的槅板和檻窗，都用石料雕成；石柱塗染朱紅，額枋繪飾青黑兩色彩畫，檻窗式樣類似三門左右梢間的槅扇窗；額枋上安設磚雕斗栱，廊房是一斗三升，廂房為五踩單翹單昂；屋面均為單檐懸山頂。此外，中室廊房額枋還雕成前傾的倒梯形毗盧帽式樣，鐫飾碩大的如意雲紋，敷以紅地青黑彩繪，比前室的廊房更顯莊嚴堂皇。

值得重視的是，門樓、照壁、左右廊房和廂房的廡殿頂或懸山頂，作為明代前期的瓦作實物，采用了當時的北方官式做法。各屋檐下都安有仿照木作的磚雕斗栱、檐枋、檐檁、圓形檐椽和方形的飛檐椽；屋面覆蓋板瓦和筒瓦，檐口排布滴水和勾頭，以勾頭坐中；除了中室的左右廊房做成清水脊，沒有吻獸而外，其他屋頂都安砌正脊和垂脊，并配置正吻、垂獸以及仙人走獸等，具有典型的北方官式做法的造型特徵。不過，磚雕斗栱中所有的斗或升子都在底部附有皿板，則是比較罕見的做法。

和前三進券室不同，後室用大條石砌築兩道側牆隔出左右耳室，并開闢小門連通。居中設置的石雕須彌座棺床後面，也就是後室的盡端，封砌為影壁牆，石雕須彌座，綠琉璃磚牆身，中心花為磚雕鎏金的二龍戲珠圖案，四角配有雕飾祥雲圖案的岔角。塗飾成朱紅色的兩側石牆頂，各凸出一道半混式樣的厚實石雕綫脚，承托著六塊大石板拼合的頂棚。頂棚精心雕飾，周邊為纏枝花卉；中央是碩大的兩重圓形八寶蓮花，外層各蓮瓣內分別鐫刻寶蓋、寶傘、寶瓶、盤長、雙魚、法蓮和法輪等八吉祥即佛八寶圖案；蓮花以外則滿布祥雲；所有圖案都敷以彩繪，紅綠相間，形成了雍容華麗而莊嚴神聖的氛圍。

主要參考文獻

一　清·阮元校刊《十三經注疏》，中華書局，1980年版

二　《二十二子》，上海古籍出版社，1986年版

三　《二十五史》，上海古籍出版社、上海書店，1986年版

四　《十通》，江蘇古籍出版社，1988年版

五　清·陳夢雷編纂、蔣廷錫校訂《古今圖書集成》，中華書局、巴蜀書社，1990年版

六　歷朝《明實錄》、《崇禎長編》等，臺灣中央研究院歷史語言研究所校印本，1963年版

七　趙其昌主編《明實錄北京史料》，北京古籍出版社，1995年版

八　明·申時行等修《明會典》，中華書局，1989年版

九　清·朱孔陽著《歷代陵寢備考》，江蘇廣陵古籍刻印社影印本，1990年版

一〇　劉敦楨主編《中國古代建築史》，中國建築工業出版社，1982年版

一一　《中國建築史》編寫組《中國建築史》，中國建築工業出版社，1993年第三版

一二　李允鉌著《華夏意匠》，中國建築工業出版社，1986年版

一三　潘谷西主編《中國古代建築史·第四卷》1991年油印本，中國建築工業出版社待版

一四　羅哲文著《中國歷代帝王陵寢》，上海文化出版社，1992年版

一五　王其亨主編《風水理論研究》，天津大學出版社，1992年版

一六　王劍英著《明中都》，中華書局，1992年版

一七　孫祥寬《鳳陽明皇陵及其石刻研究》，《東南文化》1991年2期

一八　明·柳瑛修《中都志》，北京圖書館藏萬曆四十一年增補本

一九　明·袁文新修《鳳陽新書》，北京圖書館藏重印本

二〇　明·戴任等纂修《帝里盱眙縣志》，日本尊經閣文庫藏萬曆二十一年刻本

二一　明·曾惟誠修《帝鄉紀略》，北京圖書館藏萬曆二十七年刻本

二二　南京博物院編《明孝陵》，文物出版社，1981年版

二三　清·顧炎武著《昌平山水記》，北京古籍出版社，1982年版

二四　清·孫承澤著《春明夢餘錄》，北京古籍出版社，1992年版

二五　清·梁份著《帝陵圖説》，北京圖書館藏抄本

二六　明·何士晋撰《工部廠庫須知》，北京圖書館藏萬曆四十三年刻本

二七　祁英濤《明陵的琉璃磚刻彩畫》，《文物參考資料》，1956年4期

二八　安・帕魯登著《明代帝陵》（英文版），香港大學出版社，1981年版
二九　胡漢生著《明十三陵大觀》，中國青年出版社，1993年版
三〇　何寶善著《嘉靖皇帝朱厚熜》，北京燕山出版社，1987年版
三一　中國社會科學院考古研究所等編《定陵》，文物出版社，1990年版
三二　明・顧璘等修《興都志》，上海圖書館藏傳抄嘉靖二十一年刻本
三三　明・徐楷等修《承天大志》，北京圖書館藏明嘉靖年間刻本
三四　李登勤著《特殊的明帝陵——顯陵》，湖北人民出版社，1988年版
三五　張子模主編《明代藩封及靖江王史料萃編》，廣西師范大學出版社，1994年版
三六　袁家新主編《楚天名勝龍泉山》，武漢出版社，1995年版
三七　蘇德榮編《潞王資料匯編》，《新鄉文博》增刊，1984年

圖版

二　石羊

一　石像生群（後頁）

三　望柱

四　望柱頭

五　馬和控馬官

六　皇陵碑

七　屓頭

八　石像生群

九　石獅和神道望柱

一〇　石馬

一一　文臣、武將和宮人

一二　下馬坊

一五　正紅門（前頁）

一三　神烈山碑

一四　禁約碑

一六　神功聖德碑亭

一七　神功聖德碑

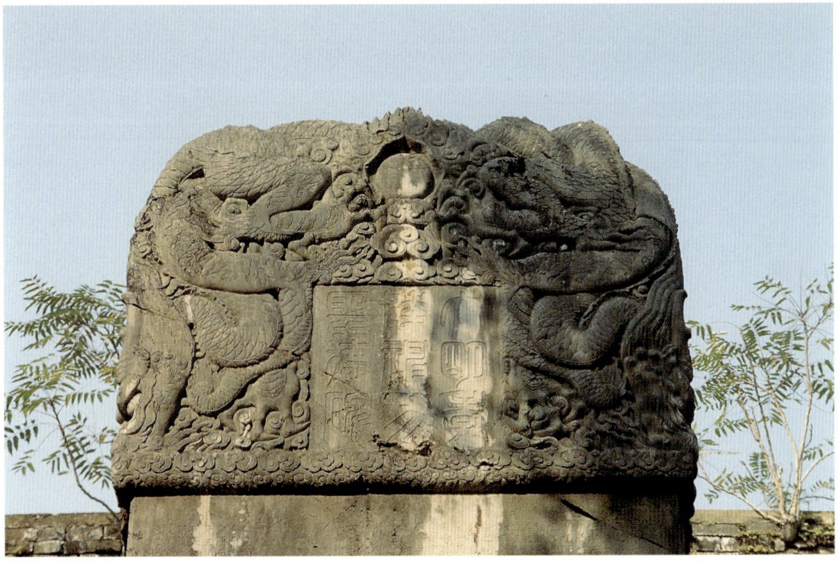

一八　屓頭

一九　前段石像生群

二○　石象

二一　神道望柱

二二　武將石像

二三　欞星門遺構

二四　御橋

二五　孝陵殿遗址

二六　孝陵殿丹陛

二八　迭落雲望柱頭

二九　雲龍望柱頭

二七　孝陵殿螭首

三〇　方城明樓

三一　琉璃照壁

三二　琉璃照壁細部

三三　哑吧院

三四　明樓

三五　明十三陵古圖

三七　噙口石、厢杆和夾杆石

三六　石牌坊

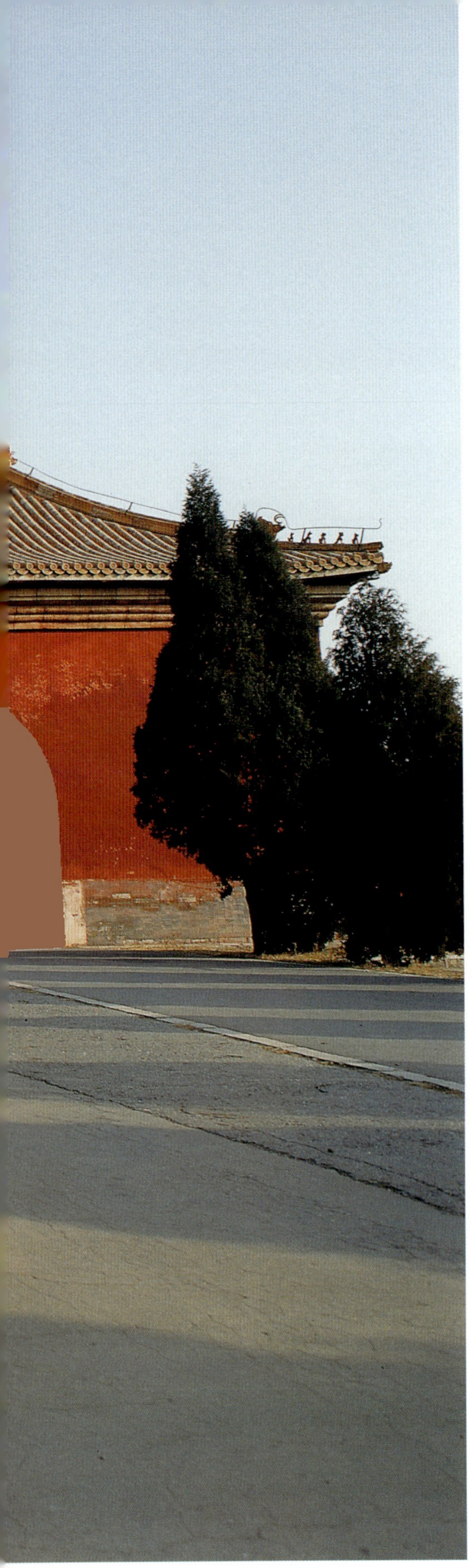

三八　石牌坊局部

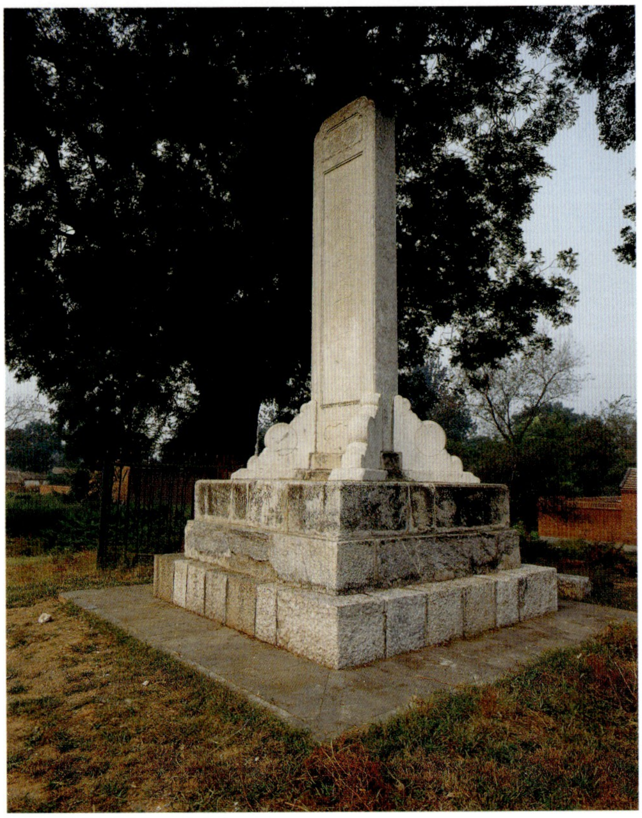

三九　下馬牌

四〇　大紅門

四二　華表

四一　神功聖德碑亭

四三　神功聖德碑

四四　神道望柱

四五　因山布局的石像生

四七　武將石像

四六　石像生群

四八　龍鳳門

四九　龍鳳門細部

五〇　陵宮鳥瞰

五一　長陵門

五二　小碑亭

五三　龍趺碑

五四　祾恩門

五五　琉璃門

五六　『過白』中的祾恩殿

五七　神帛爐

五八　祾恩殿須彌座臺基

五九　祾恩殿内檐

六〇　祾恩殿内檐斗栱

六二　陵寢門

六一　祾恩殿後檐

六三　二柱門

六四　石五供

六五　方城明樓

六六　上券門和轉向踏跺

六七　聖號碑

六八　寶城馬道

六九　神道碑

七〇　陵宫後院

七一　琉璃花門

七二　方城明樓

七三　哑吧院

七四　祾恩殿

七五　琉璃花門

七七　二柱門局部

七六　陵宮後院（後頁）

七八　方城明樓

七九　明樓局部

八〇　神道碑

八一　琉璃花門

八二　琉璃花門細部

八三　二柱門蹲龍

八四　方城明樓

八五　明樓局部

八六　祾恩殿

八七　琉璃花門細部

八八　石五供

八九　方城明樓

九〇　哑吧院

九一　琉璃影壁

九二　祾恩門

九三　祾恩殿

九四　琉璃花門

九五　石五供和方城明樓

九六　哑吧院和琉璃影壁

九七　祾恩門

九八　琉璃花門与二柱門

九九　新紅門和下馬牌

一〇〇　舊紅門与龍鱗道

一〇一　睿功聖德碑亭

一〇三　石像生群

一〇二　睿功聖德碑亭券臉

一〇四　龍鳳門

一〇五　内明塘

一〇六　祾恩門

一〇七　琉璃照壁

一〇八　琉璃照壁須彌座細部

一〇九　祾恩殿

一一一　龍頭溝嘴

一一〇　方城明樓和啞吧院

一一三　永陵門

一一四　永陵門『過白』（後頁）

一一二　神道碑

一一六　二柱門

一一五　祾恩殿丹陛（前頁）

一一七　方城明樓

一一八　方城旁蹬道

一一九　明樓細部

一二一　明樓碑

一二〇　明樓石雕斗栱

一二三　永陵『山向』

一二二　花斑石雉堞

一二五　琉璃花門

一二四　昭陵遠景（後頁）

一二六　二柱門

一二八　啞吧院

一二七　石五供和方城明樓

一二九　月牙城和琉璃照壁

一三〇　定陵鳥瞰

一三一　神道橋

一三二　祾恩門須彌座臺基

一三三　祾恩殿丹陛

一三四　琉璃花門

一三五　石五供和方城明樓

一三六　明樓局部

定陵

一三七　明樓石雕斗栱

一三九　寳城龍頭溝嘴

一三八　明樓碑

一四〇　地宮石門

一四一　石門細部

一四二　地宫中殿

一四六　皇堂

一四三　地宮甬道（前頁）

一四四　地宮配殿（前頁）

一四五　右道石門鋪首

一四七　花斑石

一四八　花斑石

一四九　陵宫前院

一五〇　前院琉璃花門

一五一　琉璃花門細部

一五二　琉璃照壁

一五三　陵寢門

一五四　琉璃中心花

一五五　方城明樓

一五六　德陵『山向』

一五七　祾恩殿丹陛

一五八　琉璃花門

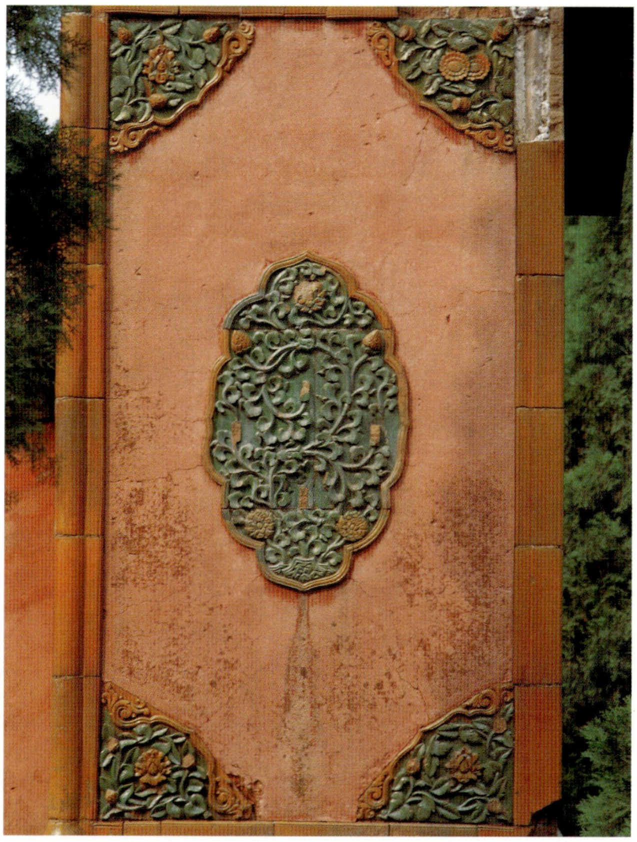

一五九　琉璃花門中心花

一六〇　二柱門蹲龍

一六一　方城明樓

一六二　方城明樓細部

一六三　神道碑

一六四　石五供与方城

一六五　石五供細部

一六七　明樓碑細部

一六六　明樓碑

一六八　碑亭

一六九　龜趺

一七一　享堂臺基螭首

一七〇　楚昭王墳主體建築群（前頁）

一七二　享堂踏跺抱鼓石

一七三　地宫

一七四　地宫入口及前室

一七五　地宫二門

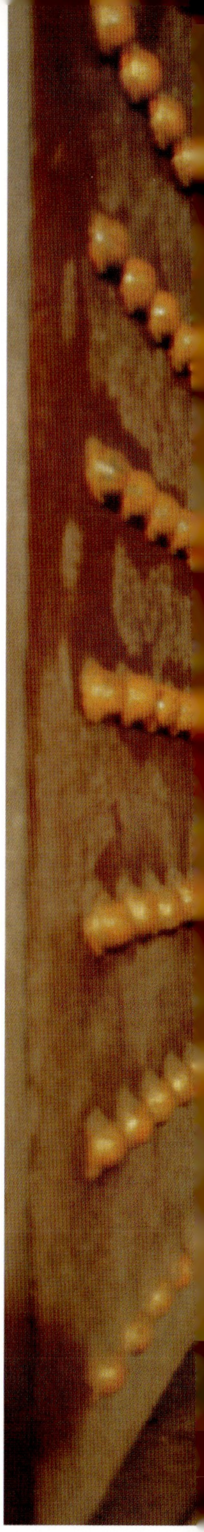

一七六　地宫後室

一七八　後室壁龕

一七七　地宮

一七九　地宫入口

一八〇　地宫中室

一八二　斗栱細部

一八一　石門細部

一八三　棺床

一八四　地宫後室照壁

一八五　地宮後室天花

一八六　地宫

一八七　壁龕

一八八　地宫

一九〇　神道石像生

一八九　潞藩佳城（後頁）

一九一　維岳降靈牌坊

祭碑

一九二　墳園内院（前頁）

一九三　火焰牌坊

一九四　石五供和明樓碑

一九五　寶城

一九六　地宫

一九七　地宫

一九九　靖江莊簡王墳石像生

一九八　靖江莊簡王墳

二〇〇　靖江憲定王墳望柱

圖版說明

皇陵　安徽鳳陽縣

皇陵位于安徽鳳陽縣明中都城西南，合葬著明太祖朱元璋的父親仁祖淳皇帝朱世珍與母親淳皇后陳氏，祔葬朱元璋的長兄南昌王朱興隆、妃王氏，二哥盱眙王朱興盛、妃唐氏，三哥臨淮王朱興祖、妃劉氏，侄子山陽王朱聖保、招信王朱旺兒等；他們的帝、后和王、妃尊號都是朱元璋追封的。規劃設計『稽古創制』的皇陵，實際也是明初朱元璋建設中都為京師的重要環節，洪武二年（一三六九年）二月乙亥開工，十年後落成，成為最早建置的明代帝陵。

一　石像生群

皇陵与中都城相呼應，建築坐南朝北展開，還仿照中都用外土城、磚城和皇城等三重城牆圍合。歷經明清易代以來的劫難，磚城和皇城之間神道旁象徵朝會儀仗的石像生遺存較好，是明代最早、也是歷代陵寢中最龐大的石像生群，順序為獬豸二對，獅八對，望柱二對，馬和左右控馬官各二對，虎、羊各四對，文臣、武將和宮人各二對。雄渾的個體造型，寫實中點染著程式化的誇張，一氣呵成的整體布局更流溢出非凡魄力，彰顯了明初的石雕藝術成就。（徐庭發攝影）

二　石羊

同明代初期朱元璋厲飭禮制、力圖恢復唐宋傳統的治國方略直接關聯，皇陵建築及組群的規劃設計，曾經參照宋代帝陵制度而『稽古創制』。皇陵石像生群配置以及相應的造型形式，就都仿自北宋帝陵，反映了明初陵墓建築體系草創時期繼往開來的藝術探索取向。（徐庭發攝影）

三　望柱

皇陵石像生群中配置有兩對石雕望柱，也稱為華表，造型大體因承了北宋帝陵的望柱。不過，由于皇陵的石像生群曾兩度建置，即洪武二年（一三六九年）二月『列以

石人、石獸，以備山陵之制』，到洪武十一年（一三七八年）四月又『立華表，樹石人、石獸』，最終把石像生群分成兩段排列在望柱前後，這與北宋帝陵僅在石像生群前端配置一對望柱的傳統格局比較，又呈現出明顯的差別，也由此形成了皇陵石像生群的獨有特色。

四 望柱頭

皇陵的兩對石雕望柱尺度相同，造型上都采用了八瓣覆蓮柱礎，八棱平面的柱身。但其中前一對柱礎類似宋代的『寶裝蓮華』，蓮瓣刻畫細緻，柱身八個棱面各向內微凹并雕飾纏枝寶相花圖案，柱頭雕成程式化韵味濃鬱的石榴頭，整體形象棱角分明；後一對的柱礎和柱身均為素面，柱身棱面向外微凸，柱頭雕出仰覆蓮座和桃形的蓮苞，整體形象豐腴圓潤。這樣，兩對望柱既富于細節變化，又具有整體性的和諧統一，產生了良好的空間藝術效果。

五 馬和控馬官

皇陵石像生中配置石馬和左右控馬官各二對，也緣自宋代傳統。然而，北宋各帝陵的兩對石馬和左右控馬官全都孑然獨立，馬頭低垂，馬官都虔敬地拱手胸前，一派靜穆景象；而在皇陵却有一對馬官同馬雕成一體，龍驤虎步的馬官一手叉腰一手舉轡，緊倚在石馬南側，略略偏斜的馬頭也巧妙顯現出人馬之間對立統一的內在力量。這一匠心獨造的藝術處理，激活了宋代那種相對刻板的沉寂氛圍，使石像生群的空間藝術形象和感受效果更臻生動有致。

六 皇陵碑

在石像生群盡端，還有兩座豐碑對峙在皇城正門即金門遺址前。原覆重檐歇山方亭均已毀亡。碑制均為《明會典》所謂龍首龜趺碑，即宋《營造法式》的屓鼇座碑。其中昂首卧龜形的碑座叫做龜趺、龜蝠或鼇座；雕出六條蟠龍的碑頭稱為屓或屓頭、龍首、螭首。東碑建于洪武二年，原刻有翰林危素奉敕撰寫的《皇陵碑》文，洪武十一年被朱元璋視為『儒臣粉飾之文』而剔除，稱為無字碑；同年新立西碑并鐫刻朱元璋『親製文』，稱為御製皇陵碑。

七　屓頭

朱元璋以『孝子皇帝』為考妣樹立御製皇陵碑并撰文記功，成為後世明清帝陵建置『神功聖德碑』或『功德碑』的權輿。和這座豐碑功德長仰的創作取向相應，作為一個重要的局部構成，篆額『大明皇陵之碑』的屓頭即碑頭，不僅比無字碑那一類常規式樣雕飾更精麗，形象更剛健，細節處理上還特地把蟠龍之間祥雲烘托的寶珠尺度加大，環飾火焰紋，并從屓頭中部提升到頂端，形成了升騰向天的强烈張力，具有气魄空前的威勢和神聖感。

祖陵　江蘇盱眙縣

祖陵在江蘇省盱眙縣洪澤湖西岸楊家墩，是朱元璋為追號熙祖裕皇帝的祖父朱初一經營的第三座明代帝陵，祔葬其曾祖父懿祖恒皇帝朱四九和高祖父德祖玄皇帝朱百六的衣冠。祖陵始建于洪武十九年（一三八六年）八月甲辰，略晚于孝陵，形制效仿皇陵但規模顯著縮減，歷時三年竣工。往後，明成祖朱棣曾將祖陵原用黑瓦改覆黃琉璃瓦，添修宰牲亭、欞星門等；明世宗朱厚熜又封號祖陵山為基運山并立碑建亭，還祖述皇陵添設了神道望柱和石像生。

八　石像生群

祖陵在明中葉以後就常遭水患，康熙十七年（一六七八年）更被洪澤湖淹没，直到本世紀六十年代才復出水面，建築僅存遺址，望柱和石像生群保留較完整，成為祖陵最主要的地上文物。和配置石像生的其他明陵即皇陵、孝陵、長陵及顯陵等比較，祖陵石像生建置最晚，是嘉靖十三年（一五三四年）明世宗朱厚熜下命『增設陵前石儀与鳳陽同制』的產物，氣勢宏壯，造型精美，藝術風格具有濃烈的時代特色，成為明中葉規模最大的陵寢石雕藝術杰作之一。

九　石獅和神道望柱

与祖陵各建築及組群布局規模普遍縮減相應，石像生中撤掉了皇陵既有的虎、羊，獅子由八對減成六對，其他石像生以及兩對望柱則仍保留不變，石像生群也是在兩對望柱前後分成兩段排列，體現了『与鳳陽同制』的意象。在造型藝術處理方面，祖陵的石像生既比皇陵雕刻細膩，也注重性格特徵的刻畫，更巧于程式化的概括或誇張。例如石獅威武雄健的特色，就通過這類藝術處理手法而得以成功展現，造型比皇陵的石獅更精美，也更顯氣勢凜然。

一〇　石馬

祖陵石像生精審細緻的刻工，反映了明中葉的藝術風格。例如其中的石馬，整體形象忠實效仿皇陵以體現『与鳳陽同制』，細節刻畫却遠勝于皇陵。如像帶有泡釘、纓穗、綬帶等諸多飾物的銜轡、繮勒、鞅鞦、鞍韉等馬具，刻工就近乎細針密縷；輕軟下垂的錦緞韉褥既寫實性地細膩雕出祥花瑞草、雲氣龍鳳等華麗的刺绣圖案，周邊還前所未有地精緻鎸刻出流蘇，以一種含蓄的輕盈飄逸，蕩漾在莊重肅穆的石像生群中，詩意般地點化了空間藝術氛圍。

一一　文臣、武將和宮人

祖陵石像生的配置，出于世系上的考慮，并没有像長陵、顯陵那樣承續孝陵曾經予以革新的規制，而是直接祖述最早的皇陵。在石像生數量縮減的情况下，又以更精美生動的造型，更緊凑的布局以及增大個體尺度等手法來强化空間構成的整體效果。例如，鱗集在神道北端的文臣、武將和宮人，刻畫細膩，比例修長，還增添了精緻的束腰方座來增高豎向尺度。通過這些頗具藻思的處理，石像生群的整體氣勢反而比皇陵更顯宏偉，形成了强烈的藝術效果。

孝陵　江蘇南京市

孝陵在南京鍾山南麓獨龍崗，是明太祖朱元璋為自己以及孝慈皇后馬氏經營的明代第二座帝陵。洪武二年（一三六九年）五月乙巳朱元璋曾由劉基等扈從勘定了陵址，但到洪武九年（一三七四年）大規模建設南京為帝都時纔動工興建，洪武十五年（一三八二年）九月薦名孝陵。往後明成祖朱棣曾添建神功聖德碑和碑亭，明世宗朱厚熜追封孝陵山為神烈山并立碑建亭，明思宗朱由檢還下旨建有禁約碑。革故鼎新的孝陵規制被後嗣皇帝承襲，形成了明代陵寢的獨特風格。

一二　下馬坊

下馬坊屹立在孝陵東南的王道即神道起點。洪武二十六年（一三九三年）曾『令車馬過陵及守陵官民入陵者百步外下馬，違者以大不敬論』，為此建置了下馬坊作為警戒標志。這座兩柱衝天式的單間石牌坊，寬四・九四米，在兩根高七・八五米的抹角方柱下部，前後兩面和外側分別安設雕飾波紋圖案的抱鼓石，柱頭冠表雲罐，并各向兩旁展出雲版，橫額中央以楷體大字鎸刻『諸司官員下馬』，整體造型十分洗練，既穩健又輕靈明快，是明初石牌坊的代表性作品。

一三　神烈山碑

神烈山碑在下馬坊東面，是嘉靖十年（一五三一年）九月南京工部遵照明世宗朱厚熜追號孝陵山名為神烈山的旨意而樹立的，還覆有一座方形碑亭。與此同時，朱厚熜還曾分別為祖陵、皇陵和顯陵追號山名并立碑建亭。其中，祇有孝陵神烈山碑和顯陵的純德山碑完好遺存至今，形制相同，均為圓首方趺。原有的神烈山碑亭，則僅存四件覆斗形石雕柱礎，分別鐫刻有牡丹、菊花、茶花和石榴等花卉圖案。

一四　禁約碑

禁約碑在神烈山碑東側，是崇禎十四年（一六四一年）五月南京神宮監遵照明思宗朱由檢的旨諭建立的，銘刻著保護孝陵的相關規定。全高三・四六米的禁約碑，采用了中國古代較為罕見的巨型卧碑式樣，須彌座式的碑座長達七米，精細雕飾雲龍寶珠的碑首連同碑身長達六・三米，都用整塊石料雕成。這座造型簡潔明朗的卧碑，以水平向的立面構圖展現出格外强烈的寧靜感，而與此同時，巨大的尺度又有力透現出雄渾的氣勢，顯耀著皇權神聖的至尊威嚴。

一五　正紅門

正紅門坐北朝南，位于孝陵東南，是整個陵區的正門，又稱為大紅門或大金門，兩

旁皇牆（也叫風水牆）逶迤，圍合著整個陵區，全長竟達南京城牆的三分之二。寬二六・六六米、進深八・〇九米的正紅門貫通三道半圓券形的拱門，石雕須彌座上厚碩的磚牆外表抹飾紅灰，牆頂挑出石雕冰盤檐，上覆單檐黃琉璃廡殿頂，整體形象凝重大度，作為孝陵前區引導空間的起點，在接續以神功聖德碑亭、神道石像生和櫺星門等合成的組群序列上，拉開了莊重的序幕。

一六　神功聖德碑亭

孝陵神功聖德碑亭屹立在正紅門北，厚重的紅牆下設石雕須彌座，四面開闢雙心圓券形的拱門，中央樹立巨大的孝陵神功聖德碑，原覆井口天花和黃琉璃重檐歇山頂已毀。這座豐碑和碑亭，是明成祖朱棣以『靖難之役』奪取帝位以後，刻意效仿朱元璋以『孝子皇帝』為考妣御製皇陵碑的做法而建

置的，永樂十一年（一四一三年）九月落成，遠比皇陵宏偉，還一改前代陵寢在軸綫兩旁配置碑亭的傳統，氣勢凜然地雄踞在神道中央，凸顯出居中為尊的隆重景象。

一七　神功聖德碑

聳立在碑亭中央的神功聖德碑，循例采用了龍首龜趺即贔屓鰲座碑的形制，體量巨大，形象凝重，碑身鎸刻著為朱元璋歌功頌德的『大明孝陵神功聖德碑』文，也是朱棣特意效仿朱元璋『親製』皇陵碑文的做法而御製的。這种由嗣皇帝撰文為已故皇考歌功頌德，并相應建設神功聖德碑和碑亭做法，也成為後來長陵和顯陵等明代帝陵、以至清代前期各帝陵長期嬗遞的傳統之一；這与歷代陵寢建築制度比較，也構成了明清陵寢的又一重要特色。

一八　屓頭

和孝陵神功聖德碑『仰崇橋山』的整體意象相應，篆額『大明孝陵神功聖德碑』的屓頭即碑頭，不僅雕飾精緻華麗，還正像朱棣在碑文中述及的那樣，更特意追求『儀式以上繼英陵石刻之意』，在造型細節上也仿照御製皇陵碑，把蟠龍之間祥雲烘托的寶珠尺度加大，從屓頭中部直升到頂端，并環飾火焰紋，形成了升騰向天的强烈張力，由此而巧妙點化了這座豐碑『極天所覆，極地所載』的神聖形象。

一九　前段石像生群

結合山水形勢規劃布局，是孝陵區別于前代陵寢的顯著特色。其中，作為前區引導空間重要構成的石像生群，就循著呈S形迴繞梅花山的神道分成前後兩段配置，既不同于唐宋陵寢前的直綫排列方式，也區別于皇陵沿中軸綫布置在磚城与皇城之間的格局。前段石像生建置在神功聖德碑亭西北，由東向西順序排列獅、獬豸、駱駝、象、麒麟、馬等石獸卧、立各一對，撤掉了皇陵仿自宋代的虎、羊和控馬官，石獅也由八對減成兩對，改添駱駝、象和麒麟。

二〇　石象

陵前配置石雕大象為儀仗，早在東漢帝陵就已有實物遺存，到北宋帝陵形成定制，明初皇陵草創時曾經取消，孝陵又予以恢復，後來更被長陵、顯陵以至清代帝陵繼承。不過，北宋各帝陵僅配置一對立象，披挂纓絡、韉鞯，背負蓮花寶座，左右侍立馴象人；孝陵則布置石象卧、立各一對，不僅渾然無飾，也没有馴象人，又同宋代帝陵形成了明顯的區別。和孝陵其他石像生一樣，石象質樸無華的寫實性造型，也反映出朱元璋標榜簡樸務實的時代特色。

二一　神道望柱

望柱是前、後兩段石像生群的分界標志，神道由此轉折向北，兩旁排列著後段石像生。同皇陵比較，孝陵望柱由兩對減成一對，造型也和唐宋以來的望柱不同，蓮瓣柱礎改成須彌座，柱身由八棱改為六棱，纏枝寶相花雕飾改作祥雲，石榴柱頭或蓮花柱頭則改成三層束腰雲盤承托的圓柱形雲龍頂。這樣，望柱的豎向造型既更富于變化，具有較强的韵律節奏感，整體形象也更顯碩壯有力。孝陵望柱的式樣，也成為後來長陵和顯陵以至清代帝陵望柱的原型。

二二　武將石像

孝陵望柱迤北的後段石像生群，從南往北順序排列武將、文臣各兩對，肅立在坐北朝南的欞星門前。同皇陵比較，不僅撤掉了承襲北宋帝陵的宮人，武將、文臣像的姿態和衣冠介胄等也都有了顯著的差异。其中，如武將的造型，皇陵為雙手按劍拄地，与北宋帝陵的武官姿態相同，衹是朝服衣冠改為介胄而形成了差別；而在孝陵，全身裝束鎧甲的武將則各以雙手緊握短柄金瓜，貼舉在胸甲前，劍佩左胯，造型比皇陵以及北宋帝陵都更顯生動。

二三　欞星門遺構

欞星門又稱為龍鳳門，在武將、文臣石像北面，原以三座單間兩柱火焰式石牌坊連綴琉璃照壁牆組成，在陵寢空間序列的構成意象上，既是朝揖在門南的石像生群所依托的底景，也是整個孝陵劃分成前後兩區的空間分界標志。過門轉向東北，即為陵寢後區，也就是背倚鍾山獨龍岡而坐北朝南布置成三進縱向院落的陵宮區；孝陵的主體建築和大多數輔助建築就鱗次櫛比地坐落其中，構成陵寢祭祀空間，同前區引導空間的舒朗布局形成了鮮明的對比。

二四　御橋

御橋又稱御河橋或神道橋，在欞星門東北，橋北就是孝陵後區規模宏大的陵宮建築群。東西并列的三座御橋，左、右還各有一座旁橋，均為單孔石拱橋，采用宋式的半圓券形，和正紅門及方城明樓拱門的券形相同，是當時仍在江南流行的做法。在朱棣建置孝陵神功聖德碑亭時，拱門則取用了雙心圓券形，而往後明清兩代通行的官式拱券做法，也正是這種結構性能更合理、也能有效矯正視錯覺的雙心圓券形。

二五　孝陵殿遺址

孝陵殿在陵宮第二進院落中央，形制規模類似當時皇宮中最隆重的奉天殿，已毀于晚清太平天國戰亂；但從現存的石雕須彌座大臺基，藉由長陵祾恩殿衣鉢相傳的勝貌，也不難領略到這座明代最大殿宇之一的昔日輝煌。孝陵殿与殿前的東西配殿、神帛爐及大殿門，構成供奉神主亨納日常饈膳和吉日祭拜的常規祭祀空間，相當于唐宋陵寢的下宮。大殿門南的前院還有神厨庫、井亭和具服殿等輔助建築，服務于日常祭祀活動，入口稱為金門或文武方門。

二六　孝陵殿丹陛

孝陵殿面闊九間約二百尺，進深三間近一百尺，是平面尺度最大的明代殿宇之一，按最高等級采用了前出月臺的三層石雕須彌座大臺基，前後安設正面踏跺和左右垂手踏跺，月臺兩側還各有抄手踏跺。處在中軸綫上的正面踏跺，逐層居中安設石雕丹陛，也叫御路或墀道，鎸刻江崖海水和龍鳳祥雲等圖案，是最高級的踏跺形式；對比之下，大殿門的正面踏跺僅安置丹陛一層，則是遜制的等級形式。這類做法，也曾被後來的明清兩代陵寢相應效仿。

二七　孝陵殿螭首

在孝陵殿以及大殿門的須彌座臺基周邊和各踏跺兩旁，都安設有石雕望柱欄板。作為最高級的須彌座臺基形式，在臺基各轉角的角柱石和上部對應的望柱之間，都向外挑出有碩大的石雕龍頭，也叫大龍頭或螭首。与此相呼應，在其餘的望柱下還都分別挑出石雕小龍頭，龍頭內鑿通小孔，可以從龍口中泄出臺基上的雨水。大小龍頭的造型雄健，刻工精美，成排的龍頭更强化了望柱欄板既有的濃烈韵律節奏感，有力烘托出孝陵殿及大殿門的整體氣勢。

二八　迭落雲望柱頭

和須彌座臺基最高等級的形式相對應，孝陵殿以及大殿門的石雕望柱欄板，也都采用了高級式樣。其中的欄板均為荷葉淨瓶尋杖欄板，望柱則以柱頭的不同雕飾形式分為迭落雲望柱頭、雲鳳望柱頭、雲龍望柱頭等三種類型，相互交錯安設。迭落雲又叫雲子或迭落彩雲，就是在望柱頭上下分層浮雕祥雲，圖案相對簡單，等級也相應遜于雲鳳望柱頭和雲龍望柱頭。

二九　雲龍望柱頭

雲龍望柱頭是等級最高的望柱頭形式，實際就是在迭落雲上添加浮雕游龍即行龍圖案的望柱頭；稍遜一級的雲鳳望柱頭則在迭落雲上添加翔鳳。而在鱗集的望柱中，一個個雲龍柱頭上的行龍造型，或雲鳳柱頭的翔鳳造型，都并非衹是模式固定的單調重復，而是各种動態交相變化，生動有致，在和諧統一的整體構成中形成了微妙的交錯韵律。這些造型手法，細微處見精神，也充分反映了古代哲匠執著于藝術創作的熾熱情感和行雲流水般的嫻熟技藝。

三〇　方城明樓

穿過孝陵殿北面稱為陵寢門的三道拱門，在陵宮第三進院落後部的單孔大石橋北面，雄渾的方城明樓拔地而起。作為明樓的城臺，方城寬五七・六米，高十七・七米，下設石雕須彌座，居中開闢門洞券，內設踏跺貫通方城。方城後面是掩蔽地宮的巨大圓丘形封土，直徑千尺上下，叫做寶山或寶頂；外周繞築磚牆，南面同方城兩側連綴，稱為寶山城或寶城。這种封土形式，突破了秦漢以來陵寢封土大都采用覆斗形方上的傳統，成為明清陵寢寶頂和寶城的嚆矢。

三一　琉璃照壁

以方城明樓為主體的陵宮後院，實際僅在舉行最隆重的上陵禮或負土禮時使用，是整個陵寢的核心性祭祀空間，具有唐宋陵寢上宮的性質。為烘托并强化這一祭祀空間的氛圍和方城明樓的氣勢，方城兩翼分別建有八字琉璃照壁，盡端同寶城以及圍合南面三進院落的兩側陵牆連接；除牆心抹飾紅灰外，照壁下設兩重須彌座，牆身周匝枋柱，四角配置岔角，都是紋樣精美而色彩絢麗的琉璃構件，造型与尺度都同方城明樓形成了强烈對比。

三二　琉璃照壁細部

三三　啞吧院

啞吧院設置在方城和寶頂之間，由方城門洞券通入，是一座長方形平面的露天小院。院後橫貫石砌城牆，与寶頂寶城共同護衛著安奉帝后靈柩的皇堂即地宮；院兩邊對稱建有轉向蹬道，供舉行上陵禮或負土禮時登臨方城明樓和寶城寶頂。這一歷代陵寢從未有過的獨特小院，因為內向封閉而被喻稱為啞吧院。在孝陵以後，從獻陵開始，還有十座明代帝陵相繼建置啞吧院，最終成為絕大多數明代帝陵的共性特徵之一，也成為清代帝陵啞吧院的原型。

三四　明樓

方城上高聳的明樓，寬五間三九・二六米，進深十八・五一米；南面開設三道拱門，東、西、北各一道，都是半圓券形，南門還鑲貼歡門牙子的磨磚券臉；原有重檐黃琉璃歇山頂已毀于太平天國戰亂。通高一百尺上下的方城明樓是孝陵最高大的主體建築，屹立在陵寢盡端，清晰顯現了陵宮院落化布局的意匠，即建築組群序列按祭祀禮儀的尊卑秩序展開，既使各建築的功能和空間聯係更臻密切和合理，也得以層層遞進，充分展現出陵寢的禮制性紀念氛圍和意境。

長陵　北京昌平縣

長陵在北京昌平天壽山主峰南麓，是明成祖朱棣為自己和仁孝皇后徐氏經營的第四座明代帝陵。正像皇陵與中都、孝陵與南京建設直接關聯那樣，永樂七年（一四〇九年）五月始建的長陵也是北京規劃的重要組成；嗣後又被薈萃天壽山群峰下的其他十二座帝陵尊為祖陵，成為明十三陵的主體，體制完備而規模宏大。其中北部陵宮建築群『悉遵洪武儉制』而布置成三進縱向院落，南部石牌坊、神功聖德碑亭和華表、石像生等則都是後世皇帝陸續添建的。

三五　明十三陵古圖

方圓四〇平方公里的天壽山陵區，群山環抱，川原秀麗，是朱棣派輔臣趙羾携風水師廖均卿等選勘後欽定的。其中，陵區南部神道列置石牌坊、大紅門、神功聖德碑亭和華表、石像生及龍鳳門等，導向陵區北部居中是背倚天壽山主峰的長陵陵宮建築群，其他帝陵『遜避祖陵』相應縮減了規模，拱列在兩旁群峰下。在繼承宋代陵寢聚匯一域的傳統的同時，氣勢磅礴的大規模陵寢建築集群結合山水勝景布局，凸顯了長陵的主體地位，也强化了各帝陵的整體聯係，成為舉世矚目的偉大藝術杰作。（明十三陵特區文物科提供　于長寶攝影）

三六　石牌坊

嘉靖十九年（一五四〇年）在長陵南端神道起點添建的五間六柱十一樓石牌坊，中軸綫正對天壽山主峰，如清初梁份《帝陵圖説》指出：『天壽山勢層疊環抱，其第一重東西龍砂欲連未連，坊建其中以聯絡之，從青烏家言，非直壯觀美也。』整體意象典型體現了『陵制當与山水相稱』的規劃設計思想。這座明代尺度最大、造型最精美的石牌坊，體量宏偉却通透空靈，雕飾華麗又雍容端莊，作為陵寢空間序列的引導標志，形成了引人入勝的强烈藝術魅力。

三七　嗆口石、厢杆和夾杆石

石牌坊全用白色石料建造，從梢間、次間到明間逐間加寬增高。六根東西排列的抹角方柱下部，兩側各凸出厢杆，前後安設夾杆石，組成方形斷面的柱墩，底部還各用兩大件呈凹字形平面的嗆口石圍合。這既保障了牌坊下部結構的穩定，也凝練構成了安若磐石的藝術形象。同時，嗆口石四邊雕飾蓮瓣，柱墩四面鎸刻雙獅绣球或翔龍瑞雲等吉祥圖案，頂部仰覆蓮座上各雕出卧獅或麒麟等靠山獸，形象生動，刻工精美，使牌坊下部的造型更顯雍容大度。

三八　石牌坊局部

牌坊各柱墩以上，柱内側凸出梓框和雲墩，承托帶有雀替的小額枋、絛環、摺柱和横貫柱頂的大額枋；各大額枋上對立雷公柱，夾置花板，聯絡額枋、平板枋并安設五踩重昂斗栱，挑出名叫廡殿瓦片的廡殿頂，統稱正樓；各柱頂另有三踩單昂斗栱承托小廡殿頂，邊柱上的叫邊樓，其餘統稱小樓。柱頭、額枋雕飾一字枋心的旋花彩畫圖案；屋脊各安石雕吻獸等，瓦壟則均以筒瓦坐中，忠實反映了明代官式瓦作制度，不同于清代滴水居中的做法。（韋然攝影）

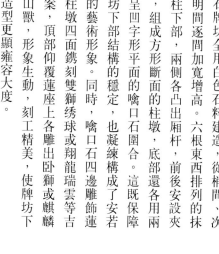

三九　下馬牌

下馬牌對峙在陵區入口大紅門前的神道東西兩旁，采用青白石雕造。修長的牌身坐落在方形臺基上，四角各支護戧鼓石；牌身上下兩端分別雕飾如意絲環圖案，中間鐫刻楷書大字『官員人等在此下馬』。作為警戒標志，并著眼于陵區入口空間氛圍的組織處理，下馬牌尺度不大，結構和造型也都十分精審洗練，整體形象棱角分明而剛勁有力，透現出莊重和威嚴，也由此對比映襯出大紅門的雄渾端莊，使陵區入口的空間感受效果更臻嚴整和肅穆。

四〇　大紅門

大紅門崛起在天壽山陵區南部的第二重砂山即龍山和虎山之間的高地上，形制效仿孝陵正紅門而規模更宏偉，寬三七・八五米，深一一・七五米，紅牆下設石雕須彌座，貫通三道拱門，單檐黃琉璃廡殿頂，兩翼風水牆各開闢角門。在風水意象上，龍山、虎山東西對峙為陵區南的天然門闕，大紅門和風水牆聯絡其間，天工人巧相得益彰，陵區入口的整體氣勢也更顯莊嚴神聖。在這裏，『陵制當与山水相稱』藝術創作思想運斤成風的實踐，取得了曲盡其妙的成功。

四一　神功聖德碑亭

朱棣死後翌年，明仁宗朱高熾曾御製《大明長陵神功聖德碑》文强調：『惟先陵咸有功德之碑，謹循彝章』，擬效仿孝陵為皇考建造神功聖德碑及碑亭；但到明英宗朱祁鎮繼統後，宣德十年（一四三五年）十月己酉纔動工興建，三年後落成。形制和孝陵相同，四隅還破例添建了華表。規模宏偉、造型莊重的長陵神功聖德碑亭，是明十三陵前區最高大的主體建築，構成為天壽山陵區引導空間序列的重心。在明代帝陵中，這也是唯一完好遺存的神功聖德碑亭。

四二　華表

神功聖德碑亭四隅的華表又叫擎天柱，為歷代陵寢所未有，明代也屬僅見。各華表四面圍繞雕欄，獅子望柱頭，望柱身和欄板盒子雕飾雲龍。華表下設八邊形仰覆蓮須彌座，枋子和束腰鐫刻行龍；下雕山崖的八棱表柱旋繞祥雲騰龍，上部橫伸出雲版，頂端圓形仰覆蓮須彌座上是昂首向天的蹲龍。質地潔白的華表，造型輕靈，雕飾精麗，充滿了向上的動勢，同神功聖德碑亭的雄宏凝重形成了强烈對比，也有力擴張了碑亭的心理體量。

四三　神功聖德碑

通高七·九一米的神功聖德碑聳立在碑亭中央，因襲孝陵采用了龍首龜趺的形制，龜趺下還有雕飾江崖海水的矩形水盤。碑身正面鐫刻明仁宗朱高熾御製《大明長陵神功聖德碑》文；碑陰為清高宗弘曆在乾隆五十年（一七八五年）下旨修繕明陵時的御製詩《哀明陵三十韻》，左側是兩年後工竣視察時他的另一御製詩；右側還有清仁宗顒琰嘉慶九年（一八〇四年）御製文。也正是在清代乾隆朝整修明陵時，碑亭內原來安設井口天花的木結構被改成了石券。

四四　神道望柱

長陵神道望柱和石像生群，同神功聖德碑亭及華表一道，都是明英宗朱祁鎮在位初期建置起來的。望柱在神功聖德碑亭北面，形制完全效仿孝陵，位置却改移到整個石像生群最前端，具有唐宋帝陵的意韵，明确賦予了神道石像生群的引導標志的性質，在空間構成上顯現出更重要的價值和意義，而石像生儀仗隊列也由此構成了一個連續的整體。這種布局方式，也成為後來顯陵以及清代帝陵神道望柱和石像生群空間序列構成的權輿。

四五　因山布局的石像生

石像生群的布局結合山水形勢，隨著神道在左右拱抱的群山間蜿蜒，略偏向體量小的山巒而距大者稍遠，即如《管氏地理指蒙》所說『左崇而右實，右勝而左殷』，藉此巧妙平衡了兩旁山峰在體量上的視覺感受效果。在這裏，『陵制當與山水相稱』或『因山增築，庶稱盡美』的規劃設計原則，同精審的傳統風水理論，同古代哲匠技藝精湛的創造性實踐絲絲入扣地緊密結合，在陵寢建築組群外部空間藝術創作上，形成了運思高明的神來之筆。

四六　石像生群

長陵石像生的配置，祖述孝陵并有新的發展。望柱北面，獅、獬豸、駱駝、象、麒麟、馬等石獸卧、立各一對，以及武將、文臣各二對，一氣呵成地序列在神道兩旁；而出于『駐遠勢以環形，聚巧形而展勢』的空間構成意向，還添設了孝陵所没有的兩對勛臣，身著朝服，頭戴七梁冠加籠巾貂蟬，雙手執笏，拱揖在龍鳳門前；與此同時，還加大了各石像生的間距。長陵以至整個天壽山陵區的這一儀仗性的前導空間，也因此更顯深沉雋永和流暢舒展。

四七　武將石像

長陵石像生的藝術形象，寫實風格比皇陵和孝陵更濃鬱，更嫻熟，石像生的體態、神情、性格及裝束、飾物等細節刻畫也更細膩。例如，其中的武將，前一對右手握舉短柄金瓜而左手按劍在胯，後一對則雙手合舉胸前，就比孝陵武將雙手握舉金瓜的單一造型更富變化，也更生動。而同舒朗流暢的整體布局相應，造型莊重肅穆、器宇軒昂的石像生，洋溢著一派既自信又謙和的氣象，也鮮明映射出當時社會承平的時代風貌，堪稱明代陵寢石雕藝術的杰作。

四八　龍鳳門

《帝陵圖說》指出：『龍鳳門……黃琉璃甓瓮如屏也；形家言天壽山龍砂此其第三重，為門于中，以絡繹如門之楗鑰也。』長陵龍鳳門效仿孝陵并結合山水形勢，用三座單間石牌坊連綴琉璃照壁，橫展為縱列石像生的底景，構成陵寢前導空間的終端標志。各牌坊的兩根抹角方柱，底部嵌進照壁下的石雕須彌座，前後設戧鼓石，柱間橫貫石雕檻框、花版和額枋，中央凸起火焰寶珠，凌空的柱頭兩側展出雲版，頂部雲墩及須彌座上冠表著朝向寶珠的蹲龍。

四九　龍鳳門細部

龍鳳門寬三四・六五米，高八・一五米，立面呈舒展的水平向構圖，透現出穩定和寧靜。然而挺拔的石柱都高高突出大額枋，下襯雲版的柱頂蹲龍昂首向天，大額枋上火焰寶珠跳蕩升騰，加上琉璃照壁脊飾吻獸的起伏頓錯，使龍鳳門的輪廓綫展現出明媚的韵律和節奏，也顯現出强勁的向上張力。同時，雕飾精緻的石牌坊通體潔白、輕靈通透，色澤斑斕的琉璃照壁却是金碧流溢、雍容華麗，鮮明的對比映襯，使龍鳳門的空間形象更臻富麗生動而引人入勝。

五〇　陵宮鳥瞰

作為長陵的主體，背倚天壽山主峰的陵宮建築群參照孝陵布置成三進縱向院落。歷經歲月滄桑，外院兩側的神厨、神庫各五間，內院左、右配殿各十五間等已經毁亡，但序列在南北中軸綫上的長陵門、祾恩門、祾恩殿、陵寢門、二柱門、石五供、方城明樓和寶城，以及外院東南隅的小碑亭、祾恩殿前的神帛爐等，都完好遺存，成為明代陵寢中最完整、等級最隆重的陵宮建築實物，技藝精麗，規模崇宏，氣勢雄壯，突出展現了明代陵寢的建築藝術成就。（張肇基攝影）

五一　長陵門

長陵門相當于孝陵的文武方門，居中橫卧在陵宮南端，兩翼紅牆各開有一座角門。這座單檐黃琉璃歇山頂的陵宮大門，以三道拱門貫通砌有青磚下肩和角柱石的厚碩紅牆，各拱門前後安設三級垂帶踏跺，中門南面的踏跺還鋪設御路石即丹陛，雕飾江崖海水和祥雲圖案。同時，牆頂上露明的所有柱頭、額枋、平板枋、單昂三踩斗栱、檐檁以至椽望，全都采用釉飾相關彩畫圖案的華美琉璃構件，在長陵門莊重大方的整體造型中，顯現出富麗堂皇的氣派。

五二　小碑亭

小碑亭在長陵門內的陵宮外院東南隅，明世宗朱厚熜添建，嘉靖二十一年（一五四二年）五月落成，形制類似後來各明代帝陵祾恩門或陵門前神道中央的功德碑亭即神道碑亭；而在所有的這類碑亭中，也衹有長陵小碑亭至今完好遺存。這座正方形平面、重檐黃琉璃歇山頂的碑亭，四向開設拱門并各出垂帶踏跺，下檐顯三間，安設重昂五踩斗栱，上檐面寬一間，配置單翹重昂七踩斗栱，亭內木結構梁架裝修井口天花。整個建築尺度宜人，形象端莊而優雅。

五三　龍趺碑

小碑亭中的石碑，尺度不大却刻工細膩，造型精美別致，是明代帝陵中獨有的形制。其中碑座雕成遍體鱗甲的昂首卧龍，迥异于普通龜趺；碑首也不同于一般的屓頭，僅有一條高浮雕形式的盤龍，龍頭居中南凸。碑身原無文字，到清代順治十六年（一六五九年）碑身正面刻上了清世祖福臨關于保護明陵的滿漢兩體諭旨；乾隆五十年（一七八五年）背面又刻有清高宗弘曆御製詩《謁明陵八韵》，左側還有清仁宗顒琰嘉慶九年（一八〇四年）御製詩《謁明陵八韵》。

五四 祾恩門

單檐黃琉璃歇山頂的祾恩門為陵宮內院正門，類似皇宮的奉天門而尺度較小，仿自孝陵大殿門，明世宗朱厚熜改稱為祾恩門，取意『祾者祭而受福之名也；恩者罔極之思也』，彰明了陵寢作為『孝子思慕之處』的境界。門寬五間三一・四四米，深兩間十四・三七米，設實榻門三道；須彌座臺基周匝雕欄，龍鳳望柱下出挑龍頭，前後三出踏跺，居中鋪有丹陛；前後檐柱各設雀替聯綴單額枋，山牆露明雙額枋，平板枋上安置單翹重昂斗栱，內檐裝修井口天花。

五五 琉璃門

祾恩門左右，延展著覆蓋綠琉璃冰盤檐和黃琉璃瓦頂的紅牆，各開設一座隨牆琉璃門。琉璃門兩側門垛凸出紅牆，也叫門對，石雕須彌座上四角立有黃琉璃椽科柱即馬蹄柱，柱間黃琉璃邊框內的牆面刷紅，邊角鑲嵌黃綠琉璃卷草岔角；門上額枋、平板枋、單翹單昂斗祾、檐檁及椽望等，也都采用釉飾彩畫圖案的琉璃構件，單檐黃琉璃廡殿頂則分成南北兩坡挑出紅牆。精巧華麗的琉璃門連綴厚實的紅牆，映襯著祾恩門，烘托出更顯隆重的空間氛圍。

五六 『過白』中的祾恩殿

進入祾恩門，從中門分心石北望，明間兩根後檐柱連同雀替、額枋和臺明組成了輪廓優雅生動的景框，因為逆光而顯幽暗深沉；而巧妙攝進景框中的祾恩殿的完美形象，映襯在蒼天下的黃琉璃重檐廡殿頂、紅牆朱扉、白石臺基与雕欄，却都色彩亮麗，璀璨奪目。這種『于小者近者之外求其遠者大者』的風水『過白』處理，凝聚了古代哲匠的藻思，既强化了祾恩門和祾恩殿在組群空間構成上的有機聯係，更有力凸顯出陵寢主殿宏麗莊重的非凡氣度。

五七　神帛爐

對峙在祾恩殿前供焚化祭祀祝文的神帛爐，又叫焚帛爐或燎爐，分別用釉飾綠色圖案的黃琉璃構件裝配成單檐歇山小殿式樣，高三・八米，寬二・九米，進深一・九四米。須彌座上殿身四角各安設圓形馬蹄柱，橫貫額枋和平板枋并用單翹斗栱挑出屋頂；殿前居中開設飾有花罩的券門作為爐口，左右各襯設兩槅四抹菱花槅扇，內部砌券為爐膛，殿後和兩山都是清水牆。這對精巧華美的焚帛爐，是明代帝陵中僅存的完好實物，堪稱當時官式琉璃作的典型杰作。

五八　祾恩殿須彌座臺基

長陵祾恩殿祖述孝陵，規制類似大內奉天殿及太廟享殿，是現存規模最大的古代殿宇，也是僅存的明代祾恩殿實物。大殿聳峙在三層潔白的石雕須彌座大臺基上，前後各三出踏跺；中路踏跺配置雕飾雲龍的丹陛石，向南展出的月臺兩旁則分設轉向踏跺。臺基和月臺圍繞荷葉淨瓶雕欄，龍鳳望柱下出挑龍頭。刻工精美、韵律明快的雕欄，層層收束的大臺基，凝重穩定中又凸顯出强勁的向上气勢，烘托著端莊雄偉的祾恩殿，形成了宏麗隆重的整體氛圍。

五九　祾恩殿內檐

祾恩殿東西九間寬六六・六五米，南北五間深二九・一二米，南面明間開設四抹方格槅扇門六扇，左右次間各四扇，梢間則在檻牆上安槅扇窗各四扇；其餘三面圍砌紅牆，僅後檐明間闢出一道對開實榻板門。殿內空間規整宏敞，金磚墁地，前後六排共六十根巨柱高擎梁架和井口天花，全部采用名貴的金絲楠木；三十二根高達十二・五八米、直徑逾一米的金柱還均為整根楠木，尤屬舉世罕見。其中，後排下金柱居中五間還砌有直達天花的扇面牆，屏蔽著後門。

六〇　祾恩殿内檐斗栱

祾恩殿上檐安設雙翹重昂九踩斗栱；下檐為單翹重昂七踩溜金斗栱，昂後尾上斜三十度延伸到殿內下金枋下，還裝飾精雕的三幅雲、麻葉雲頭和菊花頭等構件，露明為重要的結構性裝修成分，顯示出享殿禮制等級的隆重。與此相應，殿內承托天花的雙翹品字斗栱，翹頭也都分別雕飾菊花頭、六分頭和麻葉雲頭。在清代乾隆朝的修葺中，除天花而外，殿內柱梁斗栱已剝落的彩畫均被清除，著意于『竟留楠木質地，似覺古雅』，也取得了良好的藝術效果。

六一　祾恩殿後檐

祾恩殿後檐明間開闢後門，也仿自孝陵，居中是兩扇對開的實榻板門，左右各安設寬大的餘塞板。門北正對著須彌座臺基背後的三出踏跺，和臺基南面的踏跺一樣，中路踏跺也分層配置雕飾雲龍的丹陛石，導向北面的陵寢門。祾恩殿開設後門的做法，在明世宗朱厚熜經營永陵、顯陵和改建景陵時，以及明神宗朱翊鈞經營定陵時，曾予以效尤，但迄今祇有長陵完好遺存；除此而外，其他各帝陵的祾恩殿後檐都没有開門，臺基背後的踏跺也相應取消。

六二　陵寢門

陵寢門又名靈寢門或內紅門，是陵宮後院的入口，形制規模都類似前院的長陵門，單檐黃琉璃歇山頂，檐下柱、枋、斗栱以至椽望均采用飾以相關彩畫圖案的琉璃構件。設有青磚下肩和角柱石的紅牆貫通三道拱門，中門南面的踏跺也鋪設丹陛，但没有雕飾。此外，兩翼紅牆也没有角門。由于孝陵的陵寢門已經毀壞，而長陵以後其他各帝陵的陵寢門則都改制為三座并列的單檐琉璃花門，長陵的陵寢門也因此成為明代同類陵寢門中僅存的珍品。

六三　二柱門

和孝陵比較，長陵陵寢門北的後院加寬到和前兩院一致，還在中軸綫上添建了二柱門和石五供，使整個陵宮空間既嚴整又層次豐富，後院作為祭拜場所也更顯宏闊隆重。矗立在陵寢門北神道上的二柱門也叫塞門，兩根白石抹角方柱下設敦實的石鼓座，前後支護戧鼓石，柱頂雕出須彌座和仰天蹲龍；柱間的檻框上横貫木構大小額枋、摺柱花板及平板枋，以花頭斗栱挑托黃琉璃懸山頂。這一衝天式牌坊門的韵致，挺拔靈秀，洗練地渲染了後院的神聖氣氛。

六四　石五供

横卧在方城明樓前面的石五供，又叫石几筵或石祭臺，以一座碩大的條形石雕仰覆蓮須彌座為供案，居中陳設一尊帶有龍雲頂蓋的石雕三足圓鼎形香爐，兩側石雕燭臺和花瓶各一件。和二柱門一樣，石五供的建置也是長陵首創，既豐富了陵寢中軸綫的空間序列層次，也以鮮明的形體和尺度對比，有力襯托出高達百尺的方城明樓的雄偉氣象。往後，明代各帝陵都分別配置二柱門和石五供，形成定制。（韋然攝影）

六五　方城明樓

和孝陵比較，長陵方城及明樓均改成正方形平面，面寬僅及孝陵一半；方城也没有全部凹進寶城，而是大部分朝南凸出，還取消了兩側八字琉璃照壁。城臺周邊砌築雉堞垛口，兩側斜下并与寶城外周垛口聯成一體，中央屹立著重檐歇山頂的明樓。凸字形的立面構圖强化了仰崇感，加上廣庭中石五供和二柱門的巧妙對比烘托，形成了雄渾的整體氣勢，顯現出更臻莊嚴崇宏的空間氛圍。

六六　上券門和轉向踏跺

長陵的方城、寶城和寶頂封土聯成一體，没有孝陵那樣的啞吧院。方城下開設的門洞券也没有像孝陵那樣南北貫通，而是在券内北向的上行坡道盡端附設琉璃影壁，兩側各向東西另外分闢券洞，稱為扒道券；從扒道券内踏跺往上，通過稱為上券門的出口穿出方城兩旁，朝南經過轉向踏跺而登臨明樓。明樓見方三間，四面紅牆中央各開出一道拱門，黄琉璃重檐歇山頂，下檐設重昂五踩斗栱，上檐為單翹重昂七踩斗栱，南面居中懸挂題名長陵的木斗匾。

六七　聖號碑

長陵及嗣後大多數帝陵明樓内曾設有木結構梁架和天花，均在清代乾隆朝修葺時改成了石券。與孝陵不同，長陵明樓中央添立了聖號碑即明樓碑。其中碑首前後雕飾二龍戲珠圖案，正面篆額『大明』；須彌座上的碑身原刻大楷『太宗文皇帝之陵』，萬曆三十二年（一六〇四年）五月明樓毁于雷火，翌年重建，碑石鼎新以後，又按明世宗朱厚熜追尊的廟號刻成『成祖文皇帝之陵』。長陵創立的明樓碑，也成為後來的明代帝陵以及清代帝后陵寢效法的原型。

六八　寶城馬道

圍護寶頂封土的長陵寶城平面略呈圓形，直徑一千尺上下，稍小于孝陵。寶頂封土外周填築到和寶城頂面相平，城頂墁磚為馬道，内側環砌宇牆分隔寶頂和寶城，鄰近方城兩旁的宇牆分别開設石柵欄門，以通達寶頂。宇牆内側還設有寬大的磚砌排水明溝環繞寶頂，稱為荷葉溝。

獻陵　北京昌平縣

獻陵在長陵西側黃山南麓，合葬明仁宗朱高熾和誠孝皇后張氏，為明代第五座、明十三陵中的第二座帝陵，自洪熙元年（一四二五年）七月戊寅開工，到正統八年（一四四三年）三月明樓等纔最後落成。明宣宗朱瞻基遵照朱高熾『山陵制度務從儉約』遺詔擘劃的獻陵，和長陵比較，陵宮裁掉了陵門及外院，其餘建築規模也顯著縮減，成為後世帝陵『遜避祖陵』的先範。各以祾恩門和陵寢門為入口的前後兩院還結合風水形勢獨立布置，被蜿蜒其間的龍砂分隔開來。

六九　神道碑

位于獻陵神道南端的功德碑，也叫神道碑，龍首龜趺，嘉靖十六年（一五三六年）添建，四年後落成，原有重檐歇山頂的方亭。明世宗朱厚熜曾說到了添建的緣由：『獨長陵有功德碑而六陵未有，無以彰顯功德，今宜增立。』往後明代各帝陵均援例建置。和長陵神功聖德碑相比，這些功德碑的尺度都顯著縮小，還沒有碑文，碑亭規模也僅及長陵小碑亭。到清代乾隆朝整修明十三陵時，已傾圮殘壞的碑亭均被拆除，臺基四周補葺了磚砌宇牆并束以石雕牆帽。

七〇　陵宮後院

獻陵規劃曾因『龍砂蜿蜒環抱在前，形家以為至尊至貴之砂，不可剝削尺寸』，陵宮前後兩院被分離開來，采取了『以龍砂前繞，建享殿、祾恩門于龍砂之前』的布局，體現了『陵制与山水相稱』的意向。輾轉至今，龍砂南面以祾恩門為入口、配置祾恩殿和東西配殿的前院，以及祾恩門前神道左側由神厨、神庫和宰牲亭組成的統稱神厨庫的院落都已圮毀；而龍砂北面以陵寢門為入口、包括方城明樓的後院則較完好，成為獻陵的主要建築實物遺存。

七一　琉璃花門

獻陵的陵寢門以三座單檐琉璃門并列組成，又叫琉璃花門、花門樓或一字門。其中，正對陵宮中軸綫的中門尺度較大，形制類似長陵祾恩門旁的琉璃門，但門樓高出門兩翼紅牆并改為單檐黃琉璃歇山頂。為烘托中門，左右兩座花門尺度減小，門垛的石雕須彌座改成清水磚下肩，上身去掉黃琉璃槡科柱及岔角花等而一律改飾紅灰，單檐黃琉璃歇山頂下則用黃綠琉璃冰盤檐取代了琉璃額枋斗栱等。獻陵創製的琉璃花門，也成為嗣後帝陵陵寢門的圭臬。

七二　方城明樓

獻陵的陵宮後院仿照長陵布局，陵寢門內順序配置二柱門和石五供，北端為方城明樓，但規模均小于長陵。平地起建的方城兩側聯綴寶城。与長陵不同的是，方城背後并未同寶頂封土連為一體，而是參照孝陵設置啞吧院橫隔其間，由水平貫穿方城的門洞券通達。方城上聳立著黃琉璃重檐歇山方亭式樣的明樓，拱門四出，中立聖號碑。這座明樓，曾在正德十三年（一五一八年）六月遭雷火毀壞，隨即重修；到清代乾隆朝又經葺治，內部木結構被改成了石券。

七三　啞吧院

獻陵寶頂『小冢半填』，外緣衹及寶城牆根；寶城比長陵縮短五分之一，寬度減半，平面呈窄長的橢圓形。啞吧院也不盡如孝陵，院後平緩的封土前緣攔砌兩米高的磚牆，前面建有琉璃影壁，牆兩翼向後彎成月牙形平面，左右分設石柵欄門和踏跺以登臨寶頂。方城兩側寶城內壁各附設兩折轉向磴道，通達方城明樓和寶城。寶頂封土環有寬大的排水溝，寶城馬道上的雨水也從懸出宇牆的挑頭溝嘴泄落其中，再由環布在寶城下的二十二個磚券涵洞排出。

景陵　北京昌平縣

景陵在長陵東邊黑山東南麓，合葬著明宣宗朱瞻基和孝恭皇后孫氏，為明代第六座、明十三陵中的第三座帝陵。景陵選址建設是朱瞻基崩御後纔著手進行的，宣德十年（一四三五年）正月癸未動工，五月己丑薦名，明樓等延至天順七年（一四六三年）纔最後告成。嘉靖十五年（一五三六年）四月明世宗朱厚熜下諭：『景陵規制獨小，又多損壞……當重建宮殿，增崇基構，以隆追報。』七年後重建完工的實際規模，不過大體類似長陵以後的獻陵等其他明代帝陵。

七四　祾恩殿

朱厚熜『增崇基構』後的景陵，規模略同獻陵，仍遵循了『遜避祖陵』的取向。其中，祾恩殿寬僅五間，平面尺度還不到長陵的一半，圍繞雕欄的須彌座臺基則減成一層；按嘉靖朝《興都志》記載，屋頂也由長陵的重檐廡殿頂改為歇山式樣。而景陵祾恩殿後檐明間開門并接出單檐抱廈，後設小月臺同陵寢門縱連，則是明十三陵中獨有的形制。

七五　琉璃花門

和僅存臺基的祾恩殿比較，作為陵宮前後兩院分界和後院入口的陵寢門保留相對完整，仍以三座并列的單檐琉璃花門組成，形

制祖述獻陵，但尺度稍大。與此同時，顯然出于聯係祾恩殿後抱廈的考慮，中門前的垂帶踏跺則被改建成高出前院地面的小月臺，臺上鋪築石板作為神道，月臺兩側分別配置抄手踏跺。這一做法以及祾恩殿後加建抱廈，後來衹有湖北鍾祥的顯陵曾予以效法，而在北京明十三陵中却成為別具一格的特例。

七六　陵宮後院

在陵寢門即琉璃花門內，景陵方城明樓前也參照獻陵配置了二柱門和石五供。其中，二柱門遺存完好，聳立在石鼓座上的兩根白石抹角方柱高達七米，前後分別設置戧鼓石，柱頂雕出須彌座和昂首朝天的蹲龍；柱間的檻框上橫貫木構大、小額枋，額枋間安有摺柱和花板，平板枋上以六攢雙翹五踩品字斗栱挑托著黃琉璃懸山頂，并配置吻獸、垂獸和仙人走獸等脊飾，屋頂兩端還設有博風板；斗栱因為耍頭等雕飾成三幅雲，又稱為花頭科斗栱。

七七　二柱門局部

七八　方城明樓

景陵方城明樓類似獻陵，但方城下添設月臺高逾四米，前出寬大的礓礤坡道，改變了孝陵以來直接在平地起建的傳統，增强了方城明樓的仰崇感，成為後來明代各帝陵以至清陵方城明樓建置月臺和礓礤的原型。至于方城後面的啞吧院、影壁、轉向磴道、寶頂、水溝以及石柵欄門等都參照獻陵。特殊的是寶城為狹長的矩形平面，僅後部略呈弧形，寬衹及長陵三分之一、獻陵二分之一。排水涵洞也改成用花崗石砌成一對方孔，設在啞吧院兩邊的寶城下。

七九　明樓局部

景陵明樓的式樣和獻陵相同，但整體尺度稍大，而且比獻陵明樓更考究華麗的是，不僅下檐重昂五踩斗栱和上檐單翹重昂七踩斗栱均繪有彩畫，外檐各柱頭、額枋、平板枋等還都鑲貼釉飾彩畫圖案的黃綠琉璃構件。其中額枋的琉璃彩畫和清代盛行的所謂旋子彩畫相當接近，中段是不加花飾的所謂空枋心；兩端各用一朵旋花連綴兩枚剖半的旋花組成所謂一整二破的藻頭。

裕陵　北京昌平縣

裕陵位于獻陵西面的石門山南麓，合葬明代第六位皇帝明英宗朱祁鎮和孝庄皇后錢氏，祔葬孝肅皇后周氏，是明代的第八座帝陵，也是明十三陵中的第四座帝陵。裕陵的選址建設是在朱瞻基崩御後纔由嗣皇帝明憲宗朱見深著手實施的，天順八年（一四六四年）二月丙戌薦定陵名，同月壬子破土興工，到六月壬寅主體工程告竣，陵寢建築布局及規模都直接承襲『遜避祖陵』的獻陵和景陵。

八〇　神道碑

嘉靖十六年（一五三六年）七月壬寅，遵照明世宗朱厚熜的旨意，裕陵和獻陵、景陵、茂陵、泰陵、康陵等帝陵一道，分別添建了神道碑以及重檐歇山方亭，布置在祾恩門前的神道中央，形制規模一致，類似長陵的小碑亭，四年後同時落成。此後，在清代乾隆朝修葺明十三陵的工程中，除了長陵而外，裕陵和其他帝陵的神道碑亭均被拆除，臺明四周砌築磚構宇牆，覆蓋石雕牆帽，圍護著臺中央龍首龜趺的神道碑。

八一　琉璃花門

由于年久失修，裕陵原有建築已大多殘坏，其中的陵寢門即琉璃花門，是遺存相對完整的重要實物。在陵宮建築群的構成意向上，作為前後兩進院落的空間界面和聯係通

道，琉璃花門的式樣效法獻陵，經營位置則完全參照景陵，尺度也增大到和景陵相同。這種整合，也從一個局部層面反映出明代前期陵寢建築制度不斷發展的軌迹。事實上，此後如茂陵、泰陵、康陵等帝陵的建築規制，都已趨同裕陵，呈現為相對穩定的特徵。

八二　琉璃花門細部

陵寢門額枋上的琉璃彩畫式樣，如同明代其他帝陵的陵門、陵寢門等，中段是不加花飾的空枋心，兩端一律作箍頭各兩道，内畫盒子，枋心和箍頭間的藻頭則畫成一整二破的旋花；彩畫釉色衹有黄緑兩種，圖案也明顯趨向程式化，但緑地上的黄色綫脚、花瓣、花心及如意頭等細節也不乏靈活變化，豐富了相關建築的空間藝術形象。事實上，這些仿自當時官式木構建築彩畫的基本程式還表明，清代盛行的所謂旋子彩畫，至少在明初就已大體成型。

八三　二柱門蹲龍

裕陵二柱門的形制、規模及格局都和獻陵、景陵相同，繼承了『遜避祖陵』的取向。一方面，二柱門的經營位置及基本式樣都祖述長陵，從地面到冠表兩根方柱頂端的石雕蹲龍，整體高度也大體一致；但另一方面，在陵宫後院面寬縮減到不及長陵二分之一的情況下，二柱門也相應收窄，面寬衹及長陵的三分之二。在大規模建築群的外部空間設計中，以這樣敏鋭的尺度感嫻熟駕馭各個細節構成而臻向整體的協調，也充分體現了古代建築哲匠的睿智。

八四　方城明樓

裕陵方城明樓的形制效仿景陵，也建有高達四米的月臺，前面展出寬大的礓礤坡道，但明樓的高度稍減。方城後面，寶頂封土依然是『小冢半填』，寶城形態没有依循景陵，而是恢复成獻陵那樣的狹長橢圓形平面，但進深縮小了四分之一，面寬也相應減小五分之一。隔在方城和寶頂之間的月牙形啞吧院，以及院内的影壁、轉向磴道、水溝以及石柵欄門等，也都參照獻陵；而啞吧院兩邊寶城下的一對花崗石方孔式排水涵洞，則以景陵做法為圭臬。

八五　明樓局部

黄琉璃重檐歇山頂的明樓，四面外檐上下均各顯三間，下檐安設木結構重昂五踩斗栱，上檐斗栱比下檐多出一翹，為單翹重昂七踩斗栱，除了四角與各柱頂對應配置為角科和柱頭科式樣而外，下檐明間各安設平身科六攢，梢間各三攢；上檐明間平身科各六攢，梢間各一攢。此外上下檐的各柱頭、額枋、平板枋等還全部鑲貼琉璃，用黄綠釉色繪飾彩畫圖案，雖有一些局部細節上的變化，基本做法或式樣都和景陵明樓大體類同。

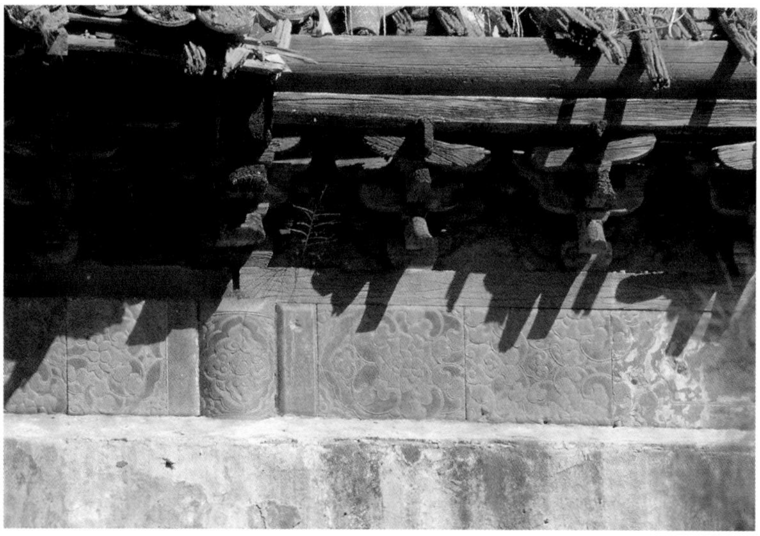

茂陵　北京昌平縣

茂陵位于裕陵西面的聚寶山南麓，合葬著明代的第八位皇帝即明憲宗朱見深以及孝貞皇后王氏，祔葬孝穆皇后紀氏和孝惠皇后邵氏，為明代第九座帝陵、明十三陵中的第五座帝陵。茂陵是在朱見深崩駕後纔著手選址經營起來的，成化二十三年（一四八七年）九月乙卯啓土興建，當月辛亥薦名，第二年即弘治元年（一四八八年）四月丁巳工竣。到嘉靖十六年（一五三六年）七月壬寅，又在陵宮入口祾恩門南面的神道中央添建了神道碑和碑亭。

八六　祾恩殿

從茂陵南端神道碑亭往北，是以祾恩門為入口，循著中軸綫布置成前後兩進院落的陵宮建築群。歷經滄桑，祾恩門和前院祾恩殿、東西配殿、神帛爐等已僅存臺基；後院的陵寢門即琉璃花門以及門北的二柱門、石五供和方城明樓等也多已殘壞。但遺存現狀清晰表明，茂陵建築的布局以及規制實際都以裕陵為範。

八七　琉璃花門細部

琉璃花門是茂陵中遺存相對完整的重要實物，在經營位置、建築式樣、尺度規模以至琉璃構件的花飾圖案等方面，都和裕陵的琉璃花門基本相同，實際也是這個時期明代帝陵建築制度和相應的建築藝術穩定發展的典型實例之一。

八八　石五供

自長陵以後，明代各帝陵都在方城明樓前配置二柱門和石五供，强化了陵宮後院、尤其是方城明樓的空間藝術氛圍。其中的石五供又泛稱石几筵或石祭臺，但具體而言，石五供實際是指五件石雕祭器，以帶有龍雲頂蓋的三足圓鼎形香爐居中，兩旁燭臺、花瓶各一件；石祭臺就是陳設五供的巨大供案，雕作仰覆蓮須彌座；石几筵則是五供和祭臺的閤稱。和長陵比較，各帝陵的石五供形制均大體相同，香爐尺度增大，燭臺、花瓶相當，而石祭臺減小。

八九　方城明樓

茂陵方城明樓的黃琉璃重檐歇山頂雖已嚴重破損，但不僅主體結構尚較完整，明樓外檐下鑲貼的琉璃構件也基本完好，是茂陵最重要的實物遺存。除了明樓的尺度稍高而外，茂陵方城和明樓的式樣，從前面展出寬大礓礤坡道的高大月臺，到明樓檐下的斗栱，以至鑲貼在上下檐額枋外表的琉璃構件所繪飾的一整二破旋花圖案，均仿照裕陵。

九〇　啞吧院

茂陵的寶頂和寶城，方城和寶頂之間的月牙形啞吧院，以及院內琉璃影壁、轉向磴道、水溝、涵洞等相應設施，大都效仿裕陵。然而獨闢蹊徑的是，啞吧院後面用來攔擋和圍護寶頂封土、兩翼向後彎成弧形平面的磚牆，即所謂月牙城，中段却并沒有像裕陵那樣保持平直，而是呈凹字形平面縮進寶頂，凹口兩側各建有一座石柵欄門和踏跺，作為登臨寶頂的通道。這一做法，實際也是明代帝陵中僅見的特例。

九一　琉璃影壁

啞吧院內，流光溢彩的琉璃影壁正對方城門洞券而橫陳在月牙城前，是明代帝陵同類影壁中幸存的珍貴實物。影壁下設黃琉璃須彌座，束腰端頭的瑪瑙柱子內側雕飾有綰花結帶。基座上的黃琉璃牆面四邊束以綫磚，可惜牆身四隅原有的黃琉璃馬蹄柱、牆面四角的黃綠琉璃岔角花都已缺失。橫貫牆頂的額枋、平板枋，以及兩端懸出博風的黃琉璃單檐懸山頂下的檐檁和椽望，均為黃綠琉璃，釉飾旋子彩畫圖案；檐下還安設單昂三踩綠琉璃斗栱。

泰陵　北京昌平縣

泰陵在天壽山陵區的西北方，即茂陵西北的筆架山南麓，又稱為史家山或施家臺，合葬著明代的第九位皇帝明孝宗朱佑樘和孝康皇后張氏，為明代第十座帝陵，也是明十三陵中的第六座帝陵。朱佑樘生前沒有經營自己的陵寢，泰陵的選址建設是在嗣皇帝明武宗朱厚照登極以後纔開始實施的，弘治十八年（一五〇五年）六月戊午正式定名并開工興建，規制參照裕陵和茂陵，轉年即正德元年（一五〇六年）三月壬寅告竣。

九二　祾恩門

按照傳統風水選址規劃的泰陵，北倚筆架山而坐北朝南布置，其中各建築的配置、形制和尺度規模等都依照裕陵和茂陵。事實上，出于『遜避祖陵』，和長陵比較，自獻陵以來就已成為常規的是，陵宮建築群循著中軸綫布置成前後兩進院落，陵宮的入口祾恩門都縮減成面寬三開間，前設月臺的祾恩門臺基也改成普通臺明，前後設置三間連面踏跺，祾恩門兩邊的隨牆角門也被取消。這一傳統，也被泰陵祾恩門直接承襲。

九三　祾恩殿

和祾恩門一樣，泰陵祾恩殿、東西配殿、神帛爐等已僅存臺基或遺迹，但基本格局猶存，規制和裕陵、茂陵類似，顯現出自裕陵以來明代帝陵建築相對穩定發展的時代特點。

九四　琉璃花門

從琉璃花門的遺存情況看，一方面，正如平面尺度表明，泰陵琉璃花門的規模類似裕陵和茂陵；另一方面，除了門垛下肩的石雕須彌座和牆身上的琉璃岔角而外，泰陵琉璃花門的屋檐并沒有像獻陵以來的各帝陵那樣，安設帶有彩畫的琉璃額枋、平板枋和斗栱等，而是以冰盤檐出挑屋頂，比其他帝陵更顯儉樸。

九五　石五供和方城明樓

琉璃花門以北的二柱門、石五供和方城明樓等陵宮後院各建築的布局、形制和規模，均參照裕陵和茂陵。然而類似琉璃花門，泰陵明樓外檐的磚砌額枋和石雕霸王拳，并没有像景陵以來的各帝陵那樣鑲貼釉飾彩畫圖案的琉璃面磚，可能是清代乾隆朝修葺改造的結果。此外，泰陵明樓內的聖號碑即明樓碑，式樣類似獻陵以來的其他帝陵，而尺度却是其中最小的。

九六　啞吧院和琉璃影壁

泰陵的寶頂、寶城、啞吧院以及院內月牙城等相應設施，都直接郊仿裕陵，其中，啞吧院內的琉璃影壁已經殘破，但基本形象還比較完整，成為明代帝陵影壁中十分珍貴的遺存實物之一。和茂陵相比較，除了須彌座、牆身、額枋、斗栱以至屋頂等構造做法，以及色彩構成上的類似之處而外，這座琉璃影壁并没有采用矩形平面，而是短邊朝向方城門洞券、長邊朝向月牙城的梯形，形成了式樣上的明顯區别。

康陵　北京昌平縣

康陵位于天壽山陵區的西部，即泰陵西南的金嶺東麓，又稱八寶蓮花山或蓮花山，安葬著明代第十位皇帝明武宗朱厚照和孝靜皇后夏氏，為明代的第十一座帝陵，也是十三陵中的第七座帝陵。由于朱厚照無嗣而終，到他的堂弟明世宗朱厚熜入繼大統，康陵纔開始選址經營，正德十六年（一五二一年）四月乙巳開工，六月癸巳薦名，翌年即嘉靖元年（一五二二年）六月壬辰主體工程告竣，嘉靖十六年（一五三六年）七月壬寅，祾恩門南又添建了神道碑和碑亭。

九七　祾恩門

康陵坐西向東布置，中軸綫正對八寶蓮花山，作為風水名義上的主山，構成陵寢盡端的天然底景；沿著這一軸綫即風水所謂山向，自東向西，順序配置神道碑亭以及布置成前後兩進縱向院落的陵宮建築群。時至今日，原有建築多已殘壞以至僅存遺址，但基本格局仍清晰顯示，除了嘉靖十六年（一五三六年）和獻陵、景陵、裕陵、茂陵、泰陵等一道添建的神道碑亭而外，自祾恩門直到寶城等，陵宮各建築的布局和形制規模，大都參照泰陵。

九八　琉璃花門与二柱門

和泰陵比較，康陵的琉璃花門尺度縮減，二柱門增大，而基本形制仍與泰陵相同。康陵的琉璃花門、二柱門以及其他建築，儘管已嚴重殘壞，然而和現存大多數明代陵墓建築一樣，不僅陵宮建築組群布局的基本格局依然歷歷可辨，而且，斷壁殘垣映襯著古邁蒼勁的青松翠柏，展現出飽經歷史風霜的獨特藝術形象，在審美意義上，也形成了歷史文物別具一格的韵致和魅力。

顯陵　湖北鍾祥市

顯陵在湖北鍾祥東北純德山南麓，為第十二座明代帝陵，合葬明睿宗獻皇帝朱祐杬和獻皇后蔣氏。朱祐杬原為興獻王，其長子明世宗朱厚熜繼統後被追尊為皇帝，舊有王墳定名顯陵，嘉靖六年（一五二七年）改建『如天壽山七陵之制』，歷時五年告一段落。嘉靖十八年（一五三九年）為安葬母后蔣氏，朱厚熜又于三月辛巳駕臨顯陵，親卜吉兆并欽定『圖式』，在舊寶城北面興建新玄宮和寶城；此後陵寢不斷增華，直到嘉靖三十五年（一五五六年）九月纔最後完工。

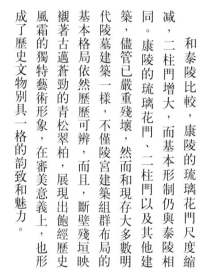

九九　新紅門和下馬牌

在長陵以後的明代帝陵中，祇有顯陵獨自建有下馬牌、紅門、睿功聖德碑亭、望柱石像生和櫺星門等，構成前區引導空間，但以『遜避祖陵』而規模不及長陵。其中，陵區東南建置三孔拱門為入口，稱為新紅門，形制仿照長陵門即陵宮正門而非大紅門，飾以黃綠琉璃的柱頭額枋上未設斗栱，用冰盤檐承挑單檐歇山頂，整體尺度稍小，形象却更勻稱典雅。此外，新紅門南還像長陵大紅門那樣設立了一對石雕下馬牌，但并未在神道南端另外建置石牌坊。（張威攝影）

一〇〇 舊紅門与龍鱗道

舊紅門位于新紅門西北，處在整個陵寢的中軸綫上，形制類似新紅門，兩側紅牆上還分別開出角門。兩座紅門之間，神道蜿蜒，通過舊紅門迤北的碑亭、望柱、石像生、櫺星門以及御橋等直抵陵宮祾恩門前，并『如天壽山七陵之制』采用了所謂『龍鱗道』的做法，即神道中央鋪墁石板喻為龍脊，兩旁嵌砌卵石為龍鱗，外邊束以牙子石。這種做法，經濟實用而又美觀大方，巧妙的命名更充盈著神聖的意韵，充分顯示了古代哲匠的睿智。（張威攝影）

一〇一 睿功聖德碑亭

矗峙在紅門北神道中央的睿功聖德碑亭，仿自長陵神功聖德碑亭而規模稍小，四隅華表也被取消，體現了『遜避祖陵』的意向。碑亭原覆黃琉璃重檐歇山頂，內設井口天花，中央樹立龍首龜趺碑即鎸刻朱厚熜御製碑文的『睿功聖德碑』，均毁于明末兵燹。體量巨大的遺構表明，這座碑亭，不僅是長陵以後各帝陵功德碑亭中最宏偉隆重的，碑亭四面拱門飾以精美龍雲圖案的白色石雕，就連孝陵和長陵神功聖德碑亭也不曾采用。（張威攝影）

一〇二 睿功聖德碑亭券臉

一〇三　石像生群

睿功聖德碑亭北面，結合山水形勢，以望柱為前導標志的石像生群排列在龍鱗道兩旁，順序為蹲姿獅子、獬豸和卧姿駱駝、大象各一對，麒麟和馬卧、立各一對，武將二對，文臣、勛臣各一對。出于『遜避祖陵』，這十二對石像生少于孝陵的十六對和長陵的十八對，個體尺度也相應減小，但却是長陵以後明代帝陵中僅有的石像生群。其中，瑞獸神態肅穆而温順，臣工情貌莊重而祥和，造型精美，刻工細膩，堪稱明代中期的陵寢石雕藝術佳作。（張威攝影）

一〇四　龍鳳門

結合山水形勢，布置在石像生群盡端的龍鳳門，也像長陵那樣，由三座單間火焰式石牌坊連綴下設須彌座的四片琉璃照壁組成，但尺度較小。在空間意象上，這一陵寢前後兩區的分界標志也直接構成為神道石像生的底景；而就在這一造型華美氣韵生動的底景中，以牌坊門為景框，北面陵宮建築群『積形成勢』的遠景引人入勝地透現出來。這樣的景觀藝術處理，豐富了陵寢前區引導空間的審美情味，同陵宮祭祀空間的有機聯係也出神入化地得到了强化。（張威攝影）

一〇五　内明塘

嘉靖六年（一五二七年）顯陵神道兩端曾别出機杼地各建有一座圓池，同風水所謂内、外明堂即陵區前後的曠地對應，紅門南的水池諧音稱為外明塘，祾恩門前的稱為内明塘。其中，直徑百尺的内明塘遺存完好，池影澄清，映碧涵虚，周圍地面還用黑白石子嵌繞圖案。而在内明塘東西兩旁，嘉靖十一年（一五三二年）又對稱建立『紀瑞

碑』、『純德山祭告碑』及方形碑亭各一座。這些前所未有的經營，既獨具特色，也豐富了陵宮入口前的空間藝術魅力。（張威攝影）

一〇六　祾恩門

作為陵宮建築群的入口，和獻陵以來各帝陵『遜避祖陵』做法明顯不同的是，顯陵祾恩門雖然也縮減成面闊三間，向南伸出月臺的基座却并沒有采用前後各設連面踏跺的普通臺明，而是祖述長陵祾恩門，采用了前後三出陛、居中配置丹陛并圍繞望柱雕欄的石雕須彌座式樣，須彌座四角還各挑出石雕大龍頭，其餘望柱下分別懸出小龍頭。與此同時，祾恩門兩旁還別出心裁地添建了華麗的八字琉璃照壁，更是明代帝陵中僅有的特例。（張威攝影）

一〇七　琉璃照壁

顯陵祾恩門兩旁的琉璃照壁各由兩段組成，靠門的一段尺度稍小，下疊雙層須彌座；與陵宮圍牆連綴的一段較寬，呈八字平面向南展出，采用單層須彌座，除了岔角和中心花之間的局部牆身抹飾紅灰，牆頂覆蓋黃琉璃瓦，從下往上，照壁的須彌座、柱枋、岔角和花心等，均用紋飾綺麗的黃綠琉璃構件鑲砌。其中，毗鄰左右陵牆的兩段照壁，岔角和花心特別碩大，南面的花心為瓊花圖案，背面是翱翔在祥雲瑞卉之間的雙龍圖案，造型華美而生動流暢。

一〇八　琉璃照壁須彌座細部

顯陵祾恩門兩旁的照壁和孝陵方城兩旁的照壁，都大體屬于同一類型，即所謂『一封書撇山照壁』或『雁翅照壁』。作為明代同類照壁的重要實物遺存，顯陵的這座雁翅照壁，尤其是其中鑲砌的製作精細華美的琉璃構件，雖然已經嚴重殘損，但現存的基本格局和大量細節，仍然十分鮮明地展現了嘉靖時期琉璃作的精湛技藝，堪稱顯陵以至明代建築的重要文物精品，具有很高的審美價值；而窺斑知豹，從中也不難領略到這座照壁舊有的豐采。

一〇九　祾恩殿

顯陵祾恩門內，祾恩殿、配殿和焚帛爐等遭明末兵燹已僅存臺基，但組群布局及尺度規模仍清晰可辨，并未像明十三陵那樣際遇清代改動，展現了獻陵以來明代帝陵的基本形制。別具特色的是，祾恩殿內還遺有嘉靖七年（一五二八年）的『加上尊謚記文碑』，嘉靖三十三年（一五五四年）『如景陵制』在殿後加建的抱廈也留有遺韻；而祾恩殿的石雕須彌座臺基，前置月臺丹陛并周匝尋欄望柱外，還懸布大小龍頭。凡此，都反映出這座特殊帝陵的『推尊』性質。（張威攝影）

一一〇　方城明樓和啞吧院

顯陵琉璃花門內的二柱門、石五供、方城明樓等配置，包括寶頂、寶城、啞吧院、琉璃影壁和磴道、水溝、涵洞等，都援自裕陵以來的基本做法。但方城前的院落縱深減小，石五供兩旁添建碑亭，東碑亭豎有朱厚

熜『御祭文碑』，西為明武宗朱厚照『御製謚册志文碑』。在舊寶城迤北，嘉靖十八年（一五三九年）為環護新玄宮而按朱厚熜『圖式』新建的寶城，由長橢圓改成圓形平面，新舊兩座寶城則用一座高大的磚石平臺即『瑤臺』串聯，形成獨特格局。

一一一 龍頭溝嘴

顯陵寶城没有像裕陵以來各帝陵那樣，把泄水的挑頭溝嘴設在馬道内側，使雨水穿過宇牆懸泄到寶頂封土周邊的排水溝中，再由寶城下的涵洞向外排除，而是把挑頭溝嘴改設在寶城外周的垛口下，使馬道上的雨水直接泄出到寶城以外。這種排水方式，也影響了以後明代帝陵以至清代帝陵。而與此同時，顯陵新舊寶城以及瑤臺外側共十六個挑頭溝嘴，還都前所未有地采用青白石精雕成龍頭，又成為後來永陵和定陵寶城龍頭溝嘴的先範。

永陵 北京昌平縣

永陵在長陵東南的陽翠嶺西南麓，是明世宗朱厚熜自行預建的明代第十三座、十三陵中的第八座帝陵，合葬孝潔皇后陳氏、孝烈皇后方氏和孝恪皇后杜氏。永陵自嘉靖十五年（一五三六年）四月動工，五年後落成，嘉靖二十七年（一五四八年）二月癸丑定名，往後培築寶頂封土等竟耗時四十三年纔告蕆事。永陵建築『量仿長陵之規』，規模稍遜却窮極奢華，還破例增設了外羅城和重門等，以備妃嬪『于外垣之内，寶山城之外，明樓之前，左右相向以次而祔』。

一一二 神道碑

永陵神道碑即功德碑位于陵宮前方的神道中央，是朱厚熜死後由嗣皇帝明穆宗朱載垕建置起來的，仿自朱厚熜為裕陵等天壽山六陵添建的神道碑，龍首龜趺，没有歌功頌德的碑文，但不僅尺度增大，龜趺下雕飾以江崖海水圖案的矩形水盤，四角漩渦還分别雕出魚、鱉、蝦、蟹等所謂水族，成為此後各帝陵神道碑水盤式樣的先範。

一一三　永陵門

永陵的陵宮建築悖離了獻陵以來『遜避祖陵』的布局，而像長陵那樣沿著中軸綫配置成三進院落，陵宮入口永陵門前還逾制添建了重門及外羅城。其中，參照長陵門而建置的陵宮大門即永陵門遺存完好，莊重而華麗，三道拱門貫通厚碩的紅牆，覆蓋單檐黃琉璃歇山頂，檐下柱枋、斗栱以及椽望等都用釉飾彩畫圖案的琉璃構件鑲貼，兩翼紅牆分別開設角門。永陵門既比長陵門更為宏大，而細節如檐下琉璃斗栱也由單昂三踩改成了單翹單昂五踩式樣。

一一四　永陵門『過白』

以風水『過白』的景框『于小者近者之外求其遠者大者』，將建築近景同後部組群序列及山水勝景有機聯係起來，構成『心目之大觀』，是傳統建築外部空間設計的常用手法，明代陵墓建築也多有運思巧妙的應用。例如，駐足永陵門前的如意石透過中門北望，以天際輪廓既生動又勻稱的陵寢主山陽翠嶺為底景，從祾恩門直到方城明樓的陵宮中軸綫上的建築群，主從有序錯落有致地從雙心圓券形的門洞中撲入眼底，形成了引人入勝的空間藝術效果。

一一五　祾恩殿丹陛

永陵門內各建築規模不及長陵，却勝過獻陵以來的所有帝陵，祾恩門從三間增為五間，左右配殿由五間擴成九間，祾恩殿自五間加至七間。其中，祾恩門和祾恩殿單層須彌座的雕欄下仿照長陵配置大小龍頭，前後的中路踏跺鋪設丹陛石，刻工格外精美，祾恩殿的龍鳳丹陛甚至超過長陵而稱冠明代陵寢。此外，祾恩殿後檐明間也像長陵那樣開設了槅扇門，但門後却未設左右垂手踏跺，陵宮後院隔牆也改移到祾恩殿兩翼，分設隨牆琉璃門替代了陵寢門。

一一六　二柱門

永陵祾恩門、左右配殿和祾恩殿等陵宮內院的建築，在清代乾隆朝修葺明十三陵的時候就已被改建或拆除，至今僅存臺基或廢址。相形之下，陵宮後院的二柱門、石五供以及方城明樓等建築，遺存均較完好，同以往的規制比較，其中也有不少標新立异的舉措。例如二柱門，面寬雖小于長陵，却逾越了獻陵以來的所有帝陵，而頂端雕出仰天蹲龍的石柱高達八米，則超出長陵二柱門石柱六·九八米的高度，成為自長陵以來最高的一座二柱門。

一一七　方城明樓

永陵的方城明樓也有不少獨出心裁的變革。其中，作為城臺的方城，并没有采用景陵以來一直沿襲的做法，即没有建置前出礓磜坡道的高大月臺，而是仿照長陵直接從平地拔起，尺度略小但却超出其他帝陵。方城後部還像長陵那樣取消了啞吧院及相應設施，同圓形平面的寶城及寶頂聯成整體。方城下部則摒弃了自孝陵以來一直沿用的門洞券，改在方城兩旁分别配置小石牌坊作為標識，牌坊內構築蹬道貼附在寶城外壁，以供登臨方城明樓和寶城寶頂。

一一八　方城旁蹬道

永陵方城取消了門洞券，在立面形象的視覺感受效果上，實際更臻嚴整洗練，也更顯雄渾凝重。同時，在方城兩旁寶城外壁分别設置的蹬道和小石牌坊，也在造型形象上和尺度上形成了有力的對比烘托，使方城明樓更顯高大宏偉，從而有效强化了這一陵寢核心祭祀空間莊嚴神聖的紀念氛圍。事實上，永陵方城的這种做法，嗣後衹有定陵效仿采用，相應成為明代陵寢建築嬗遞中一類韻致别具的特殊形制。

一一九　明樓細部

聳立在方城上的永陵明樓，高過包括長陵在內的所有帝陵明樓，內部結構還廢弃了以往一直沿用的梁架和吊井天花，改成磚石拱券。明樓外部紅牆四隅又特别添設了巨大的白色角柱石，格外雄健挺拔。舒展的屋檐下，所有露明的柱、枋、斗栱、椽望以及斗匾等，則前所未有地全部采用青白石仿照木作雕製，外敷彩畫。這些别具一格的做法，使永陵明樓更顯恢弘壯麗，也更堅固耐久，以至四個半世紀的歲月流逝也未能洗蝕它的豐姿，迄今完好如初。

一二〇　明樓石雕斗栱

永陵明樓外檐的石雕斗栱，仿自獻陵以來通用的木作式樣和布局，但尺度更大。其中，下檐安設重昂五踩斗栱，除角科和柱頭科而外，明間安設平身科各六攢，梢間各三攢；上檐為單翹重昂七踩斗栱，明間平身科各六攢，梢間各一攢。這些惟妙惟肖仿照木作雕製的斗栱，『櫼櫨各落以相承，欒拱夭蟜而交結』，擎舉著出檐深遠的黄琉璃重檐歇山頂，既有力發揮了相應的結構功能，也從藝術形象上有效渲染了整個方城明樓氣勢磅礴的勝貌。

一二一　明樓碑

矗立在明樓中央的聖號碑即明樓碑，碑首和碑身形式如同長陵以來各帝陵的明樓碑。其中碑首前後兩面均雕飾二龍戲珠圖案，正面居中篆額『大明』；碑身正面鎸刻著大楷『世宗肅皇帝之陵』，周圍則鋟出龍雲圖案的邊框。標新立异的是石雕碑趺即碑座，并没有采用以往一直沿用的須彌座，而改成了從下往上逐層收束的五級迭落方臺式樣，并且分層刻飾海水、寶山、祥雲、二龍戲珠等精美圖案，形成了前所未有的獨特形制。

一二二　花斑石雉堞

永陵寶城仿照長陵呈圓形平面，直徑收小五分之一，為二五二米，仍然遠逾長陵以後的所有帝陵。寶頂封土也一改獻陵以來『小冢半填』的慣例，像長陵那樣填高到外緣与寶城相平。寶頂外周環砌明溝并配置吊井溝桶，使寶頂上的雨水匯入寶城底部暗溝排除。寶城馬道上的雨水則用懸出寶城外壁的挑頭溝嘴泄落，全都仿照顯陵用青白石精雕成龍頭。更奢侈的是，寶城和方城外緣垛口竟然全用磨光的名貴花斑石砌成，絢麗豪華，超絕以往所有明代帝陵。

一二三　永陵『山向』

從方城上可以清晰看到，永陵建築組群是以風水所謂山向構成中軸綫，即以主山陽翠嶺為底景，遥向天壽山陵區西南的虎山為對景性的朝山，進而巧妙構織起來。其『陵制与山水相稱』的意蘊正像英國學者李約瑟指出：『其間所有的建築都和風景融匯為一體，一种人民的智慧由建築師和建築者的技巧很好地表達出來。』最終臻同天人合一的崇高藝術境界：『將深沉的對自然的恭謙的情調与崇高的詩意組合起來，形成任何文化未能超越的有機的圖案。』

昭陵　北京昌平縣

昭陵在長陵西南的大峪山東南麓，合葬著明穆宗朱載垕和孝懿皇后李氏，孝安皇后陳氏及孝定皇后李氏祔葬，是明代第十四座和明十三陵中的第九座帝陵。昭陵是在朱載垕晏駕、明神宗朱翊鈞繼統以後，利用明世宗朱厚熜為父母建成却又空置的地宮，自隆慶六年（一五七二年）六月己巳開工興建的，當月辛巳薦名，萬曆元年（一五七三年）六月辛未竣工；翌年又因為多處建築沉陷而重修。到萬曆九年（一五八一年）五月，又曾按朱翊鈞的旨意加高加厚了寶城和寶頂。

一二四　昭陵遠景

昭陵基址原由明世宗朱厚熜躬親擇定，

曾以其『林茂草鬱，崗阜豐衍，別在諸陵之次，實為吉壤，朕心愜焉，茲欲迎皇考梓宮遷祔于此』，隨即建成地宮，被輔臣張居正等認為是『精固完美，有同神造』，但最終却被空置下來，改弦更張在顯陵合葬了他的父母。直到明穆宗朱載垕死後，輔佐幼年明神宗朱翊鈞的朝臣們為了掩飾朱厚熜的無端曠費，撙節人力、物力和財力，并促成朱載垕的陵寢從速葳事，于是又在這裏建成了昭陵。

一二五　琉璃花門

昭陵的陵宮建築沒有承襲奢侈的永陵，而是參照獻陵以來『遜避祖陵』的格局，但前後縱連的兩進院落面寬則比以往加大了近二分之一。此外，并列在橫隔兩院的紅牆中部的陵寢門即琉璃花門，由于前後地面高差較大，在紅牆和三座琉璃花門正面都分別添建了高大的臺基，各臺基轉角均安置角柱石，清水磚陡板上鋪設階條石；各花門的月臺前，青白石垂帶踏跺也都相應加高延長。這樣，琉璃花門的整體氣勢也比以往更顯雄勁，成為昭陵的特色之一。

一二六　二柱門

昭陵琉璃花門以北的二柱門、石五供和方城明樓等陵宮後院建築的配置，基本參照除長陵和永陵而外的以往帝陵，尤其是裕陵以來的格局，但具體形式也有不少細節性的差异。例如，其中的二柱門，作為明代同類實物中遺存比較完好的一座，面寬比永陵減小而趨同『遜避祖陵』的各帝陵，但頂端須彌座上冠表仰天蹲龍的兩根石柱則高達七·八五米，僅略低于永陵，却超過了包括長陵在內的先前其他各帝陵。

一二七　石五供和方城明樓

昭陵石五供一如既往規制，方城明樓則恢复了永陵前的式樣。其中，居中開闢門洞券連通後部啞吧院的方城，平面尺度超過了長陵和永陵以外的其他先前帝陵。方城下部承襲了從景陵沿用到顯陵的做法，建置月臺并向前展出礓䃰坡道，高達四・七米，寬三十二米，進深二四・一五米，規模稱冠所有同類型的帝陵，有力烘托了方城明樓的整體氣勢。至于明樓和聖號碑，采用了長陵以來的通行樣式；但經過清代乾隆朝修葺，明樓木構梁架和天花也被石券取代。

一二八　啞吧院

與長陵、永陵以外天壽山其他六陵比較，昭陵寶城縱深縮短，呈近似圓形的橢圓平面。更顯著的變化是，寶頂封土并非『小冢半填』，而是填高到周邊和寶城相平，啞吧院後部攔擋封土的磚牆即月牙城也相應加高，向後舒緩彎曲的兩翼還同寶城聯成一體，正對方城門洞券的琉璃影壁也砌合在月牙城外壁。啞吧院兩邊的轉向蹬道和石砌排水涵洞仍類似其他六陵，但登臨寶頂的入口即石柵欄門，以及寶頂和寶城上的排水系統，却都大體參照永陵配置。

一二九　月牙城和琉璃照壁

比較天壽山其他六陵，昭陵啞吧院後部界面即攔擋寶頂封土和掩蔽地宫入口的月牙城，不僅空前增高，兩端還同寶城聯成整體，以利結構穩定。在啞吧院的空間圍合更臻嚴整也更顯封閉的情况下，正對方城門洞券的琉璃影壁不再獨立建置，而是同月牙城砌合成一體，既加强了月牙城的穩定性，又削弱了啞吧院的閉塞和局促壓抑感，也形成了莊重肅穆的空間效果。這一合理統籌結構功能和藝術形象而產生的新形制，也成為往後慶陵和德陵的先範。

定陵　北京昌平縣

定陵位于昭陵東北的大峪山東麓，是明神宗朱翊鈞生前自行預建的明代第十五座、十三陵中的第十座帝陵，合葬孝端皇后王氏和孝靖皇后王氏。定陵規制效仿永陵而更加奢侈，自萬曆十二年（一五八四年）十一月六日動工，萬曆十八年（一五九〇年）六月庚辰告成。萬曆四十八年（一六二〇年）八月壬子，在安葬朱翊鈞的前期，嗣皇帝明光宗朱常洛『欽定新陵名曰定陵』。一九五七年精美豪華的定陵地宮經過考古發掘整理開放，成為明代帝陵中唯一重見天日的地宮。

一三〇　定陵鳥瞰

定陵選在大峪山，是朱翊鈞再三『親歷靈山，遍歷淑勝』後欽定的。同山水勝景結合的陵宮建築，也是朱翊鈞按永陵『欽定壽宮式樣丈尺』并竭盡國力經營起來，窮極奢華。其中如仿自永陵的外羅城，据《帝陵圖説》記載，牆檐『刻磚為斗栱』，牆面更『琢為山水、花卉、龍鳳、麒麟、海馬、龜蛇之狀，莫不宛然逼真，巧奪天工』。經過歷史上的陵谷之變，定陵損毁嚴重，但劫餘建築依然鮮明展示了古代哲匠的出色技藝，也顯現出恢弘的整體氣勢。（李基祿攝影）

一三一　神道橋

作為建築空間序列的重要組成，明代各帝陵都建有神道橋，兼容排水、交通和景觀藝術的需求并結合山水形勢經營，位置、數量与規模不盡相同，或單孔、三孔、五孔以至七孔，均為雙心圓券形的磚石拱券，橋面鋪墁石板并安設望柱雕欄。例如長陵前區神道就建有三孔、五孔和七孔石拱橋各一座。不少帝陵還在神道碑亭前後并列配置三座單孔拱橋。其中定陵神道碑亭前的三路單孔石拱橋遺存完好，造型优雅，製作精美，就是這類神道橋的典型實例。

一三二　祾恩門須彌座臺基

定陵的陵宮也曾像永陵那樣逾制建有重門及外羅城，但均在清代乾隆朝修葺時拆除，重門內效仿永陵配置的三進縱向院落則保留下來。其中的定陵門即陵宮大門遺存完好，規模稍小于長陵門和永陵門，黃琉璃單檐歇山頂下的琉璃斗栱等裝修却格外華麗。定陵門內，作為陵宮內院入口的祾恩門，雖已僅存單層石雕須彌座臺基及兩翼紅牆，但和永陵祾恩門的臺基遺存相比較，不僅更高大，配置在臺基上的刻工精美的望柱雕欄和大小龍頭等也完整得多。

一三三　祾恩殿丹陛

定陵祾恩殿至今也僅存單層石雕須彌座臺基，仿照長陵配置的大小龍頭及望柱雕欄均較完好，形制規模与永陵祾恩殿不分軒輊，雖不及長陵，却遠遠超過長陵以後的其他明代帝陵。鋪設在祾恩殿前後中路踏跺當中的丹陛石，浮雕海水江崖和祥雲龍鳳等精美圖案，式樣和尺度都和永陵相仿，也同樣勝出了長陵祾恩殿的丹陛石。此外，祾恩殿後檐明間也一如永陵開設槅扇門，陵宮後院隔牆改移到祾恩殿兩翼，分設隨牆琉璃花門替代了陵寢門。

一三四　琉璃花門

和永陵一樣，定陵祾恩門和祾恩殿兩翼紅牆都曾配置了隨牆琉璃花門，但祇有定陵祾恩殿兩旁的琉璃花門完整保留至今。這類琉璃花門均以長陵祾恩門左右的隨牆角門為原型，獻陵還曾改型成陵寢門的中門，後為大多數帝陵沿用。這兩類琉璃花門最明顯的差异是，長陵、永陵和定陵等采用的隨牆琉璃花門均低于紅牆，單檐黃琉璃廡殿頂也因此剖成兩坡分別從紅牆前後挑出；其他帝陵采用的琉璃花門則高出紅牆，整體覆蓋單檐黃琉璃歇山頂。

一三五　石五供和方城明樓

定陵二柱門、石五供以及方城明樓等陵宮後院建築，保存均較完好，形制規模都與永陵如出一轍。其中，直接從平地拔起的方城也同圓形平面的寶城及寶頂聯成一體，取消了門洞券、啞吧院及相應設施，方城兩旁分別配置小石牌坊并構築蹬道貼附在寶城外壁，用來登臨方城明樓和寶城寶頂。蹬道外緣的垛口和方城、寶城垛口，也曾像永陵那樣全部采用磨光的花斑石砌成；現存城磚垛口，則是清代乾隆朝修葺定陵時拆去花斑石後改建的產物。

一三六　明樓局部

按照傳統風水『百尺為形』的觀念，作為陵宮建築空間序列終點的定陵方城明樓，全高為明代營造尺百尺左右，與永陵方城明樓不相上下，成為十三陵中最高的建築。明樓的構造也一如永陵，內部采用磚石拱券，外牆四角護設巨大的白色角柱石，黃琉璃重檐歇山頂下彩繪的柱、枋、斗栱、椽望以及斗匾等全用青白石雕製，堅固壯麗，迄今完好如初。而其中上檐的兩面山花全用浮雕綰花結帶圖案的黃琉璃構件鑲貼，更是明代陵寢僅存的珍貴遺物。

一三七　明樓石雕斗栱

和永陵一樣，定陵明樓外檐仿照獻陵以來的通行木作樣式，角科、柱頭科和平身科等各類斗栱，以及額枋、平板枋、檐檁、檐椽、飛檐椽、老角梁、仔角梁，還有望板和大、小連檐等，都用青白石精心雕成，形象十分逼真。面層還全都按照相應的圖案繪飾彩畫，甚至連隱約透出彩畫的木材紋理也細緻入微地予以表現，既恰如其分地有效渲染了方城明樓的整體氣勢，也生動展現了古代建築哲匠一絲不苟的敬業情懷和運斤成風的精湛技藝。

一三八　明樓碑

居中聳立在定陵明樓拱頂下的明樓碑即聖號碑，是明代帝陵中最高大的一座，形制效仿永陵，同屬明代帝陵中別出心裁的特殊類型。其中，碑首前後分別雕飾二龍戲珠圖案，正面居中篆額『大明』。碑身正面按明神宗朱翊鈞的『聖號』即廟號和謚號，用大楷字體居中鎸為『神宗皇帝之陵』。邊框還細緻鋟飾以龍雲圖案。碑趺即碑座雕成從下往上逐層收束的五級迭落方臺，并分層刻飾以海水、寶山、祥雲、二龍戲珠等精美圖案。

一三九　寶城龍頭溝嘴

定陵寶城仿照永陵，平面呈圓形，直徑達二三五米，僅稍小于永陵。從高達七·四六米、寬達六·六米的寶城內隆起的寶頂封土，也像永陵那樣填高到外緣与寶城平齊；寶城和寶頂的排水系統也相應參照永陵設置。其中，寶頂外周用城磚環砌明溝并配布豎井即所謂吊井溝桶，以使寶頂上的雨水匯入貫通寶城底部的涵洞排出；寶城馬道上的雨水則用懸挑在寶城外壁的挑頭溝嘴泄出，挑頭溝嘴的做法也如同顯陵和永陵，全都采用青白石精細雕製成龍頭式樣。

一四〇　地宮石門

已重見天日的地宮曾是定陵最隱秘的核心，掩蔽在寶頂下百尺深處，參照長陵以來擬象大內寢宮的『九重法宮』格局，配置大小三十二道雙心券磚石筒拱，分左、中、右三路組成宏大的『地中宮殿』，縱深八七·三四米，橫展四七·八二米，淨面積一一九五平方米。其中，中路最前端的隧道券，是從方城後的隧道進入地宮各殿堂的過渡空間，石砌後牆中央凸出單檐廡殿頂的石雕門樓，懸挂斗匾的冰盤檐下拱門洞開，構成前殿的大門，端莊凝重中又透現出軒昂氣宇。

一四一　石門細部

石門雕工細緻，精美的仰覆蓮須彌座即可見一斑。石門的構造也非常講究，其中，門上檻背後橫貫一根重九吨的黃銅管扇作為『門之樞紐』，兩片門扇用整塊青白石雕成，上軸各套在管扇兩邊的圓孔即轉身眼中，半球形下軸支承在門枕石的圓槽即海窩裏。門扉靠軸一側較厚，外側減半，減小了門軸承受的力矩。各門扇正面雕出鋪獸和縱橫各九排門釘，背面雕出凸梗叫做自來石磕絆，石門掩閉後，用一塊稱為自來石的石條頂住磕絆，就難以從外推開。

一四二　地宮中殿

中殿寬六米、高七·二米，金磚墁地，石牆石券，均與前殿相同，但縱深三十二米則稱冠地宮各殿堂。中殿前後門和前殿石門形制一致，兩側壁還各開一道券門，分別溝通前殿、後殿和左右配殿，構成地宮空間樞紐。殿內布置三座石椅型神座，皇帝神座居中靠後，兩側為皇后神座，雕飾華美，靠背与扶手還分別精雕龍頭或鳳頭。各神座兩旁配置石雕仰覆蓮須彌座安放隨葬器物，前面陳設黃琉璃五供和一件青花雲龍大瓷缸的長明燈，都安有雕刻精緻的石座。

一四三　地宮甬道

定陵地宮中殿左右兩側對稱開出的券門，是分別通進左右配殿的甬道入口。甬道軸綫同地宮中軸綫十字相交。甬道各長一三·三八米，寬一·四三米，高二·二一米，雖然是地宮中最小的券座，從地面到拱頂也都采用光潔的青白石構築，但做法仍非常細緻講究。同中軸綫上的三道石門即前殿、中殿和後殿的石門比較，甬道石門不出門樓，青石雕製的對開門扇沒有門釘，却不僅精雕鋪首，門檻、門枕、黃銅管扇和自來石等也一應俱全，僅尺度相應縮小。

一四四　地宮配殿

平行布置在中殿左、右并以甬道相聯的配殿，也叫左右壙或左右側穴；從地面到拱頂全部石構，寬七・一米，深二十六米，高七・四米；正對甬道，靠近內側還有一座石雕寶床，上鋪金磚，置留金井，但沒有棺槨。配殿原為祔葬后妃，如《明史》、《明憲宗實錄》等提到，明英宗朱祁鎮的孝莊皇后錢氏『葬裕陵，异隧，距英宗玄堂數丈許，中窒之，虛右壙以待周太后』。而按《萬曆起居注》記載，朱翊鈞也曾想在其地宮右壙祔葬敬妃李氏，但被閣臣諫止。

一四五　右道石門鋪首

在定陵地宮的左右配殿後牆，配置方向和地宮中路相反，也分別設有門洞券石門，門外構築隧道券及金剛牆，金剛牆外面還各有隧道，稱為左道和右道。與前殿、中殿和後殿前的石門相比較，左右配殿後牆開設的石門，除了尺度稍小，不出門樓，門扇沒有門釘而外，其他做法，如門扇前雕飾鋪首，設置黃銅管扇等，則都大體類似。鋪首雕作所謂『獸面仰月』式樣。

一四六　皇堂

皇堂即後殿，處在地宮盡端，寬三〇・一米，進深九・一米，高九・五米，是整個地宮中面積最大也最高敞的殿堂。牆體和拱頂全用光潔的青白石砌築，更以絢麗的大件方塊花斑石鋪地，格外豪華壯麗。靠近後壁并正對陵寢中軸綫，橫陳有石雕仰覆蓮須彌座式的寶床即棺床，高〇・四米，矩形平面寬一七・五米、深三・七米，床面鋪墁花斑石，居中鑿留有小方孔并填充黃土，稱為金井。明神宗朱翊鈞的梓宮就安奉在這眼金井上，左右分別停放著兩位皇后的棺槨。

一四七　花斑石

定陵皇堂的墁地花斑石，按明代朱國禎《涌幢小品》等記載，全都采自千里外的河南浚縣善化山。《明神宗實錄》又提到，對這些名貴石料的選擇，朱翊鈞還强調必須『色鮮質堅』。在製作中，則要以傳統石作中『水磨光亮』的做法把石件表面細緻抛光。這樣，一塊塊鋪墁嚴絲合縫而平滑如砥的大件花斑石，琪花瑤草般的天然紋理和姚黄魏紫的燦爛色彩都得以淋漓盡致地彰顯出來，為地宮皇堂添色增輝，渲染出既美侖美奂又妙曼神聖的空間氛圍。在現存古代建築中，像永陵和定陵這樣規模空前地運用花斑石并精細製作，顯然是卓犖冠群的僅有實例。排除帝王的窮奢極欲，作為古代建築哲匠的勞動成果，也無疑堪稱曠世杰作。

一四八　花斑石

慶陵　北京昌平縣

慶陵在獻陵裕陵之間的黄山二嶺南麓，俗稱景泰窪，合葬明光宗朱常洛与孝元皇后郭氏、孝和皇后王氏、孝純皇后劉氏，是明代第十六座、十三陵中的第十一座帝陵。在嗣皇帝明熹宗朱由校著手經營慶陵時，曾迫于國庫空虛，竟不避忌諱，利用了明景泰皇帝朱祁鈺自行經營、後來被明英宗朱祁鎮拆毁的陵寢舊址，以圖撙節財力。儘管這樣，慶陵自天啓元年（一六二一年）正月辛卯開工以後，仍苦于經費拮据，一直拖到天啓六年（一六二六年）六月壬辰纔告竣工。

一四九　陵宮前院（後頁）

明熹宗朱由校曾欽定慶陵規制『一準昭陵』，還為此測繪了昭陵；不久又依据風水形勢『參酌獻陵』，『以龍砂前繞，建享殿、祾恩門于龍砂之前』，最終分離成相互獨立的兩座院落。事實上，正和獻陵一樣，這一『陵制与山水相稱』的分離格局也清晰表明，取决于陵宮的祭祀禮儀功能，以祾恩殿為主體的前院，以方城明樓為主體的後院，本來就具有主次不同的尊卑等級和相對獨立性，一前一後，在空間意象上分別體現出唐宋陵寢下宮和上宮的性質。

一五〇 前院琉璃花門

慶陵前院的祾恩門、祾恩殿、配殿及焚帛爐等建築已僅存臺基和殘牆，但基本格局却遠比同類型的獻陵前院遺址明晰。周圍紅牆，尤其是後牆中央的琉璃花門及照壁遺存更較完整，成為明代陵寢同類建築的僅有實例。作為陵宮前院出口的這座琉璃花門，與後院入口的三座陵寢門遙相呼應，式樣也類似昭陵的中座陵寢門，但門垛破例安設了碩大的琉璃中心花，兩側還分別襯以精巧華麗的琉璃照壁，由此取代了以往的左右琉璃花門，形成了慶陵獨有的特徵。

一五一 琉璃花門細部

慶陵前院的琉璃花門，除了兩側門垛分別安設琉璃中心花而外，從整體形象到細節構成，諸如門垛的石雕須彌座，琉璃馬蹄柱和岔角花，橫貫在門垛上方的大小琉璃額枋、平板枋、單昂五踩琉璃斗栱，以致單檐黃琉璃歇山頂等等，實際都和昭陵的中座陵寢門相仿，仍然承襲了獻陵以來同類琉璃花門的基本傳統。其中，同其他帝陵的相關遺

存一樣，琉璃花門上效仿當時官式木構建築釉飾的琉璃彩畫，也是反映明清兩代官式彩畫制度沿革的珍貴遺物。

一五二　琉璃照壁

慶陵前院琉璃花門兩旁的琉璃照壁各呈一字形平面連綴陵牆，形制与孝陵方城兩翼及顯陵祾恩門兩旁八字照壁完全不同，實際是明代陵寢中別開生面的僅有實例。一方面，同琉璃花門相呼應，照壁和琉璃花門的門垛嵌飾相同的琉璃中心花及岔角花；另一方面，照壁高度降低，須彌座改用黃琉璃，雙額枋改成單額枋，單翹單昂五踩斗栱改為單昂三踩斗栱，單檐黃琉璃歇山頂改作廡殿頂，同琉璃花門形成對比，構成了空間形象主從有序又相互映襯的意韵。

一五三　陵寢門

因為地勢限制，慶陵的陵宮後院前半部實際建置在規模空前的排水涵洞上。涵洞的石拱券斷面高三米、寬三·五米，平面呈丁字形，左右連通院兩旁的河槽，前延二百餘米繞過砂山，同前院後面神道橋下的河槽銜接。為了盡量拓展後院的進深，院前入口的陵寢門逼緊砂山北麓布置，規制類似昭陵的陵寢門，仍由三座琉璃花門并列組成；但門前垂帶踏跺都分別展出礓礤坡道，中座琉璃花門兩旁的門垛還一如前院的琉璃花門，也破例安設了碩大的琉璃花心。

一五四　琉璃中心花

一五五　方城明樓

慶陵的陵宮後院進深比以往各帝陵大大縮短，陵寢門內參照昭陵配置的二柱門、石五供和方城明樓等間距隨之減小。與此同時，方城明樓前的月臺也相應降低，前部礓䃰坡道則改移到月臺左右兩側，形成了與衆不同的格局。除此而外，方城明樓，包括方城下的門洞券和明樓內的聖號碑，寶城和寶頂，啞吧院及院內月牙城、琉璃照壁、轉向蹬道和相應的排水設施等，形制和規模都類似昭陵，在『因山增築』的同時，維繫了建築制度相對穩定的傳承。

德陵　北京昌平縣

德陵在永陵東面潭峪嶺西麓，合葬明熹宗朱由校和懿安皇后張氏，是明代第十七座、十三陵中的第十二座帝陵。朱由校無嗣而終，遺詔胞弟朱由檢繼統為崇禎皇帝，陵寢選址經營也在此後展開，天啓七年（一六二七年）九月壬申興工，十一月癸酉薦名德陵。由于國勢頽敗，戰亂頻仍，財政匱乏，大半陵寢建設經費竟靠朝臣募捐而來，以致全部工程一直拖到崇禎五年（一六三二年）二月庚午纔告完成。德陵最終葬入懿安皇后，更晚在清王朝入主北京之際。

一五六　德陵『山向』

德陵的神道橋、功德碑亭和陵宮各建築的規制和格局均仿效昭陵，沿著按照風水山向組織的中軸綫順序展開。在這一山向上，山水景觀所表徵的尊卑、主賓、朝揖、拱衛等禮制秩序，都通過建築組群空間序列的組織趨向彰明較著，顯現出富涵人倫意韵的靈性和情致；而建築組群空間得到山川勝景的映襯和烘托，建築人文美同山水自然美和諧交融，相互輝映，也大大強化了山陵藝術『高山仰止，景行行止』的主題思想，形成了雋永而崇高的藝術境界。

一五七　祾恩殿丹陛

德陵的陵宮建築群曾經『議照慶陵規制』，不過兩進院落却并沒有分離開來，而像昭陵那樣前後縱連為整體。在陵宮前院，建築殘損狀況類似慶陵及以往大多數帝陵，祾恩門和祾恩殿等臺基遺存較完整，也留下了清代乾隆時期改建的遺迹。其中，祾恩殿前月臺正面踏跺中央敷設的石雕丹陛保存完好，一如慶陵祾恩殿的丹陛，仿照永陵和定陵雕飾海水江崖和龍鳳祥雲圖案，刻工精美，尺度雖略小于永陵和定陵，却仍然勝過包括長陵在內的前期其他帝陵。

一五八　琉璃花門

配置在縱向布置的陵宮中部，作為前後兩進院落空間分界標志和聯係通道的陵寢門，是德陵中相對完好的建築遺存。由于前後地勢高差較大，陵寢門的三座琉璃花門前部月臺都像昭陵那樣大大加高，月臺前的青石垂帶踏跺也相應展長；與此同時，陵寢門的中門，即中座琉璃花門兩旁的門垛又都參照慶陵，分別添設了琉璃中心花。這樣，德陵的琉璃花門實際兼容了昭陵和慶陵琉璃花門的藝術特色。

一五九　琉璃花門中心花

德陵中座琉璃花門的門垛添飾中心花，和慶陵中座琉璃花門的花心并未雷同。慶陵的中心花為高寬相等的菱形，形象豐滿，花樣為纏枝牡丹，還相當顯眼地配飾了一尊圓潤的花瓶；而德陵的菱形中心花却是高大于寬，比例修長，花樣則為纏枝寶相花，也没有花瓶。與此相應，中座琉璃花門的岔角花也有類似的差异。事實上，在明代帝陵中，這樣的細節差异十分普遍，既反映了不同時期的審美時尚，也反映了不同皇帝或相關決策者審美情愫的差別。

一六〇　二柱門蹲龍

德陵前後兩院的進深均超過了慶陵，而和昭陵大體相當，但面寬却比慶陵縮小。後院前部參照慶陵規制配置的二柱門，面寬也同院落的寬度縮減相應，收窄了近一米；而與此同時，二柱門的高度顯著增加，遺存完好的兩根石柱高達八·一三米，超過了以往所有的二柱門，除此而外，同前期帝陵的二柱門比較，其中還有不少藝術風格上的變化。譬如石柱頂端昂首向天的蹲龍，整體造型就比前期更顯修長勻稱，各部分的細節刻畫也都更顯俊逸而剛健。

一六一　方城明樓

循例配置在陵宮後院盡端的德陵方城明樓，實際兼容了昭陵和慶陵的規制。方城月臺前方建置寬大的礓磜坡道，就類似昭陵，但月臺高度却又和慶陵一致，明顯低于昭陵。此外，方城門洞券內的啞吧院，包括院內的月牙城、琉璃照壁、轉向蹬道和相應的排水設施等，形制規模都和昭陵、慶陵相同，顯現出明代晚期陵寢建築制度定型化的趨向。至于明樓內的聖號碑，整體形制一如既往，但須彌座式的碑座，却前所未有地雕飾了佛八寶等吉祥圖案。

一六二　方城明樓細部

德陵明樓外檐柱頭、額枋、平板枋等也都鑲貼釉飾彩畫圖案的黃綠琉璃構件，高度比前期帝陵增加了三分之一。同時，額枋的琉璃彩畫圖案和清代盛行的旋子彩畫更加接近，中段是不加花飾的空枋心，兩端為一整二破的藻頭；次間藻頭在一整二破的旋花間附繪如意頭，明間藻頭加繪一路旋花瓣。和前期比較，藻頭、箍頭都相應加長，枋心却隨之縮短，枋心長和額枋全長的比例則由前期的二分之一變成三分之一，已和清代官式旋子彩畫格局完全一致。

思陵　北京昌平縣

思陵在天壽山西南的錦屏山東麓，是明代最末一位皇帝明思宗朱由檢的陵寢，合葬孝節皇后周氏及皇貴妃田氏。思陵原為田貴妃墳，崇禎十七年（一六四四年）正月建成後不久，李自成的農民軍攻陷北京，朱由檢和皇后自縊，四月壬戌葬入墳園；轉月清軍入關，攝政王多爾袞下令改建墳園并定名為思陵。此後，順治十六年（一六五九年）建置了思陵碑和碑亭，乾隆十一年（一七四六年）和乾隆五十年（一七八五年）又大加改建，規制稍趨完備，但仍然是最簡陋的明代帝陵。

一六三　神道碑

位于陵宮前方的思陵神道碑保留完好，重檐碑亭則已僅存臺基。神道碑的碑座由以往的龜趺改成方座式樣，四面精雕瑞獸圖案，前面是四條游龍朝拱著居中的團龍，背面有五麒麟，左右為大小獅子。碑頭為龍首式樣，盤龍却由六條減成四條，正面居中篆額『敕建』。碑身雕飾雲龍邊框，正面銘刻順治十六年（一六五九年）吏部尚書金之俊奉旨撰寫的《皇清敕建明崇禎帝碑記》。

一六四　石五供与方城

乾隆五十年（一七八五年）清高宗弘曆展謁明十三陵，認為『順治年間改建思陵，而一切明樓享殿之制未大備』，下旨『重為修葺，悉如別陵』。這樣，思陵的建築配置最終趨近了逐制型的明陵，但在原來田貴妃墳園格局的限制下，規模仍然狹小，也沒有焚帛爐和二柱門。在這以後，時移世易，其中的宮門即陵門、左右配殿、享殿、琉璃花門和左右角門等，至今均已僅存臺基，而石五供、方城和明樓碑則相對完好地保留下來，成為思陵最重要的實物遺存。

一六五　石五供細部

整體造型和細節雕飾別具一格的思陵石五供，各設有束腰圭角石座，橫列在石祭臺前。居中的香爐為商周四足方鼎式樣，爐體還雕出寓意殷鑒的饕餮圖案，四足則刻作獅頭；兩旁燭臺呈古式方壺形，棱角分明，腹部的四面菱形盒子鎸有人物故事；外側的花瓶為仿古橢方壺形，豐滿圓潤，外凸的腹部也刻飾饕餮，瓶頂碩大的花球精雕花卉。此外，石五供後的供案式石祭臺上還陳設了桃、柿、橘、佛手和石榴等五套石雕供果，分別堆疊在帶座圓盤上。

一六六　明樓碑

思陵石五供前原有一座三開間的單檐碑亭，號稱明樓，又叫內殿或碑亭，內設龍首方趺的明樓碑。乾隆朝重修思陵，如吏部尚書劉墉等《謹奏為估修明陵殿座工程請領銀兩事》記載，石五供和寶頂之間又『加築月臺，將舊碑亭移建月臺之上』。現有方城和明樓碑就是該工程的歷史遺存。其中，平地起建的方城尺度不及德陵的一半，以兩翼隨牆角門取代了門洞券，牆內分設蹬道上達周匝宇牆的方城，掩蔽地宮的寶頂則隆起在方城後面陵牆環繞的曠地上。

一六七　明樓碑細部

坐落在思陵方城中央的單檐碑亭式的明樓，已僅剩臺基和四面的兩級如意踏跺，其中式樣一如神道碑的明樓碑却遺存完好。方形碑座四面的浮雕圖案，如五龍、五麒麟、獅子等，都和神道碑的方趺不分軒輊。碑首也衹雕出四條盤龍，正面居中則篆額『大明』。雕飾雲龍邊框的碑身正面，按清世祖福臨在順治十六年（一六五九年）十一月甲申追予崇禎皇帝朱由檢的謚號，以大楷字體銘刻為『莊烈愍皇帝之陵』。

楚昭王墳　湖北武昌縣

除帝陵而外，整個明代還曾在全國各地經營了共計二百多座『下天子一等』的親王墳。其中建置最早的一座，就是湖北武昌縣東面龍泉山天馬峰南麓的楚昭王墳，即朱元璋第六子朱楨的墳園。朱楨為朱元璋的『愛子』，洪武三年（一三七〇年）受封楚王，十一年後就藩武昌，翌年開始預建自己的墳園，建築規制格外隆重；至永樂二十二年（一四二四年）薨，謚稱楚昭王入葬。楚昭王墳建築格局遺存完好，地宮也已經整理開放，成為明初藩王墳的重要實例。

一六八　碑亭

《明會典》提到，永樂八年（一四一〇年）曾規定親王墳准許建置碑亭一座，而事實却如《明英宗實錄》記載，正統二年（一四三七年）『禮部稽洪武、永樂間例，皆無

親王及郡王立碑者』。十年後，經明英宗朱祁鎮欽准，楚昭王墳纔首開先例，在外門左側立碑建亭。《楚昭王之碑》文就此指出：『昭園、莊園未有樹碑。……仰荷玉旨，謂國家先代陵碑皆後聖親述，用剋祥也；爰命季垙自述其詞。』從此往後，明代其他藩王墳纔得以循例立碑建亭。

一六九　龜趺

聳立在綠琉璃單檐歇山頂方形碑亭中央的『楚昭王之碑』，由楚昭王朱楨的長孫楚憲王朱季垙遵旨撰文，此後由他的胞弟楚康王朱季埱在正統十二年（一四四七年）建立。它像帝陵神道碑那樣采用了龍首龜趺的形制，但不僅尺度遠遠超過長陵以後的各帝陵，造型也別具一格。例如，碑座用大塊石料將水盤、卧龜和上承碑身的所謂碑擔整體雕成，尺度格外巨大，形象渾樸的卧龜下面，厚碩的水盤高高突起在石雕圭角方座上，成為明代陵墓中鮮見的特例。

一七〇　楚昭王墳主體建築群

楚昭王墳北倚天馬峰而朝南布置，內外兩道磚牆圍成回字形平面。中軸綫南端的外門仿自孝陵文武方門但規模較小，貫通三道拱門，覆蓋單檐綠琉璃歇山頂；東西外牆還各有側門。進入外門跨過神道橋，迎面是類似孝陵大殿門的五開間中門，內為墳園主體建築，享堂五間居中，兩側配置廂房各三間，東廂房前還有焚帛亭一座。和《明會典》的有關規定比較，中門與享堂規制均有出入，反映了明初藩王墳制度初創的時代特點。

一七一　享堂臺基螭首

中門和享堂都建有周匝尋欄的單層石雕須彌座臺基。中門臺基前後分設配置石雕丹陛的正面踏跺和左右垂手踏跺。享堂臺基前後展出月臺，後月臺直抵仿自孝陵寢門的墳園內門，前月臺安設帶有丹陛的正面踏跺及左右垂手踏跺，兩側各配置抄手踏跺。各臺基角柱石與上部望柱間都外挑石雕大龍頭，其餘望柱下分別出挑小龍頭。臺基、望柱雕欄及龍頭的造型均類似帝陵，但大龍頭前爪下雕出雲墩，造型生動强健，則是明代陵墓中僅見的特例。

一七二　享堂踏跺抱鼓石

楚昭王墳的中門和享堂均仿照帝陵式樣建置須彌座臺基、望柱雕欄及大小龍頭等，不僅規制稱冠于明代各藩王墳，不少細節做法甚至超越了帝陵。例如，享堂各踏跺旁的抱鼓石，均雕飾有精美的海水、翔龍和雲氣等圖案，就是明代陵墓中十分罕見的特例。細微處見精神，這座朱元璋的『愛子』墳園的豪華氣派，也由此强烈凸顯出來。

一七三　地宮

楚昭王墳地宮深掩在天馬峰南麓的圓丘形墳冢下，覆蓋一道三券三伏即立、卧各三層城磚相間砌築的筒拱，寬三·七八米、高三·三〇米、進深一三·八四米。南端橫列三座僅高一米的小石門為入口象徵，門內方磚墁地，自南而北安設壙志、石供桌和棺床，左右側壁隔出小耳室，北端還隔有後室。簡樸的地宮同豪華的地面建築形成了鮮明對比，却同樣反映了明初藩王墳制度草創的時代特點。

魯荒王墳　山東鄒縣

魯荒王墳在鄒縣東北的九龍山南麓，為朱元璋第十子朱檀的墳園。洪武三年（一三七〇年）出生僅兩月的朱檀被封為魯王，洪武十八年（一三八五年）就藩兖州，四年後由于『餌金石藥』斃命，朱元璋痛惡之餘，賜謚稱『荒』并下諭建墳安葬。墳園以磚牆圍合成長方形平面，沿著中軸綫從南往北依次建有神道橋、外門、中門、享堂、內門和方城明樓等，遺存格局比較完整，是早期明代親王墳的重要實例之一。

一七四　地宮入口及前室

魯荒王墳地宮在九龍山南麓，內砌半圓形青石拱券，按丁字形平面縱連門洞券、前室和二道門洞券，橫置後室，是明代文獻『丁字大券』的最早實例，縱深二〇・六四米，橫寬八・二〇米，面積一〇六・八平方米。前室安設長明燈、册寶以及四百多件木俑；後室中央須彌座式棺床上停放朱漆棺椁，兩旁供案還置有衣冠等隨葬品。地宮各券壁抹飾白灰，方磚鋪地，兩道門洞券的檻框內分別安裝巨石雕成的朱漆對開門扇，鋪首和縱橫九排門釘全都鎏金。

一七五　地宮二門

一七六　地宮後室

遼簡王墳　湖北江陵縣

遼簡王朱植為朱元璋第十五子，洪武十一年（一三七八年）封為衛王，洪武二十六年（一三九三年）改封遼王，就藩廣寧，永樂二年（一四〇四年）遷荊州，永樂二十二年（一四二四年）薨，謚稱遼簡王，按親王規制葬于湖北江陵縣城西北的八嶺山。遼簡王墳的地面建築迄今已僅存遺址，地宮則較完整地保留下來，并已整理開放，成為明代前期藩王墳地宮的重要實例。

一七七　地宮

遼簡王墳地宮中軸縱向串聯著前室、中室和後室，各室均前置門洞券，中室左右還對稱配置側室，均用三券三伏的雙心圓磚券構築，整體布局類似定陵地宮，但規模較小。縱深二一·四五米，橫展一〇·五〇米，面積一一七·五四平方米，在明代藩王墳地宮中，是現知最早采用十字形平面和雙心圓券的實例。地面鋪墁方磚，前室入口安設類似魯荒王墳地宮的石雕門扇，中室和後室前分別安設對開的木製實榻門扇，後室後部居中砌築須彌座式棺床，安奉著朱植的靈柩。

一七八　後室壁龕

在遼簡王墳地宮的後室，棺床後面和左右的牆壁內，各用磚砌出一個小券洞，作為安放隨葬器物的壁龕。這樣的壁龕，在明代藩王墳的地宮中常有配置，而且多數都類似遼簡王墳的地宮後室；但個別實例，如靖江安肅王和憲定王墳地宮，却各有十八個之多。

蜀僖王墳　四川成都市

蜀僖王朱友壎是朱元璋第十一子蜀獻王朱椿的孫子，宣德七年（一四三二年）其兄蜀靖王朱友堉薨逝後襲封為第三代蜀王，宣德九年（一四三四年）死于風疾，謚稱蜀僖王，按親王制度安葬在成都東郊正覺山即石靈山。時至今日，除了墳冢而外，墳園的地面建築已蕩然無存，而參照親王府邸及墳園建築組群布局的『地中宮殿』却保留完好，并已整理開放，是現知明代各藩王墳地宮中裝修最精緻的實例。

一七九　地宮入口

蜀僖王墳地宮用兩道五券五伏的雙心圓

磚券縱連而成，縱深達二八・一〇米。入口門樓軒昂華麗，用單昂五踩磚雕斗栱承托綠琉璃單檐廡殿頂；塗飾朱紅的圓柱、檻框，迎面雕出縱橫各九排門釘的門扇，繪飾青綠彩畫的額枋，都用大件石料雕成。門兩側襯有磚砌八字照壁，用一斗三升磚雕斗栱挑出懸山頂。地宮內，另以三座門樓分隔外室、前室、中室和後室；前三進券室兩側分別配置精緻的廊房或廂房，後室兩旁則隔出左右耳室并設小門連通。（成都市明蜀王墳博物館提供　朱熙忠攝影）

一八〇　地宮中室

地宮券室擬象前朝後寢布局，各有不同尊卑等級。豎立壙志碑的外室規模最小，左右僅置單間廊房；前室稍大，左右廂房各三間；中室最大，兩側各有三間廂房和一座單間廊房，各廊房和廂房均用單檐懸山頂，廊房檐下設一斗三升磚雕斗栱，廂房為五踩單翹單昂。各檐柱、額枋和花牙子，廂房梢間槅板和雙交四椀菱花檻窗，都用石雕并加以彩繪。中室廊房毗盧帽式的額枋還鎸飾碩大的如意雲紋，敷以紅地青黑彩繪，比前室廊房更顯莊嚴堂皇。（成都市明蜀王墳博物館提供　朱熙忠攝影）

一八一　石門細部

地宮內的門樓形制都和入口門樓類似，但面寬和高度却從前往後逐漸增大，對開的門扇式樣也不盡相同。除了地宮入口門樓而外，二門和四門的門扇均為實心鏡面；最隆重的中室入口即三門門扇則雕成四抹頭槅扇，槅心為雙交四椀菱花圖案，裙板雕飾如意雲紋。此外，二門兩翼連綴清水磚牆，牆上瓦頂以石雕冰盤檐托出；三門和四門左右均帶有梢間檻窗，在磚檻牆上安設塗飾朱紅的石雕槅板和青黑色的石雕槅扇窗，槅心式樣類同三門的槅扇。

一八二　斗栱細部

作為明代前期的瓦作實物，蜀僖王墳地宮內的門樓、廊房、厢房的廡殿頂或懸山頂，均采用了當時的北方官式做法。各屋檐下都安有磚雕斗栱、檐枋、檐檁、圓形檐椽和方形的飛檐椽，屋面覆蓋板瓦和筒瓦，檐口以勾頭筒瓦坐中；除中室左右廊房的清水脊没有吻獸而外，其他屋頂都安砌正脊和垂脊，配置正吻、垂獸及仙人走獸等，造型具有北方官式做法的典型特徵。不過，磚雕斗栱中的斗或升子全都在底部附有皿板，則是比較罕見的做法。

一八三　棺床

在蜀僖王墳的地宮中，停放棺椁的棺床配置在後室中央，用大件石材雕成仰覆蓮須彌座式樣，前面還安設有一張石雕供案。須彌座棺床的上、下梟分別雕出寬碩的蓮瓣，束腰雕鎸祥雲瑞獸，上枋則刻成纏枝捲草圖案。與現知明代各帝陵和藩王墳地宮的棺床比較起來，蜀僖王墳地宮中的這座棺床，尺度雖然不大，雕刻却最為精美。

一八四　地宮後室照壁

和前三進券室不同，處在地宮盡端的後室，左右各用大條石砌築側牆分隔出耳室，并開闢小門連通。塗飾朱紅的側牆頂各凸出一道半混式樣的厚實石雕綫脚，承托著用六塊大石板拼合并精心雕飾彩繪的頂棚。而在石雕須彌座棺床後面的後牆，作為整個地宮的底景，則在石雕須彌座上用綠色琉璃磚砌成照壁式樣，中央凸出鎦金的磚雕二龍戲珠圖案的中心花，四角分別配有雕飾祥雲圖案的岔角。後室的這些裝修處理，取得了既精緻又醒目的空間效果。

一八五　地宮後室天花

作為地宮後室空間構成和相應藝術處理的重要組成部分，整個頂棚精心雕飾天花，取像于佛教藝術，中央是碩大的兩重圓形八寶蓮花，外層各蓮瓣內分別鐫刻寶蓋、寶傘、寶瓶、盤長、雙魚、法蓮和法輪等八吉祥即佛八寶圖案；在八寶蓮花以外，繚繞著祥雲和飄帶，周邊還雕飾著纏枝花卉。石雕天花的所有圖案都敷以彩繪，紅綠相間，形成了雍容華麗而又莊嚴神聖的氛圍。

寧獻王墳　江西新建縣

寧獻王墳為朱元璋第十六子朱權的墳園，位于江西新建縣西山潢源村西的猴嶺東麓。洪武二十四年（一三九一年）十四歲的朱權被封為寧王，三年後就藩大寧，永樂元年（一四〇三年）又移國江西南昌府，正統十三年（一四四八年）薨，謚稱寧獻王。葬事則如《寧獻王壙志》指出：『先是，預營墳園于其國西山之原；比薨，以正統十四年二月二十一日葬焉。』始建于正統二年（一四三七年）的寧獻王墳，現存地面建築除了一對石雕望柱外都已圮毀，但地宮却遺存較為完好。

一八六　地宮

寧獻王墳地宮類似遼簡王墳，采用三券三伏的雙心圓磚券構築，并呈十字形平面布局，不過前端還添置了一座外室。整個地宮縱深二五・七五米，寬二〇・三八米，面積一五三平方米。外室、前室和中室前部都分別安設對開的實榻門，裏面兩道均用木門扇，前門的門扇則用巨石雕成，外面還護以木質插板門。全部地面鋪墁方磚，清水磚的券壁下部設有高近一米的條石裙肩。安放棺槨的棺床循例配置在地宮盡端，即後室的後部，用城磚砌成方臺，形象格外質樸。

一八七　壁龕

和遼簡王墳相仿，在寧獻王墳地宮的後

室，後牆和左、右側壁各闢有一個安放隨葬器物的小龕。其中，左、右壁龕均為磚砌小券，類似遼簡王墳地宮的壁龕；但棺床後面的單檐小屋式石雕壁龕，則是明代陵墓中僅見的實例。四柱單間的小屋仿照木構建築雕製，刻工精緻，八楞形檐柱上橫貫的額枋做成月梁式樣，平板枋上的四攢三踩斗栱也帶有宋元遺風；而單檐廡殿頂的瓦壟以勾頭筒瓦居中，以及吻獸的造型，又都具有明代北方官式做法的典型特徵。

慶莊王墳　寧夏同心縣

慶莊王墳為朱元璋十五子朱栴次孫朱邃塀的墳園。朱栴在洪武二十四年（一三九一年）受封慶王，往後朱栴長子朱秩煃、長孫朱邃埵相繼襲封慶王；朱邃埵絕嗣，朱邃塀在成化十七年（一四八一年）進封第四代慶王，弘治四年（一四九一年）薨後謚稱慶莊王，在韋州仁莊建墳安葬。時至今日，慶莊王墳的地面建築已蕩然無存，墳冢下的地宮也曾遭盜劫，但格局尚較完整，成為西北地區明代藩王墳地宮的珍貴實例。

一八八　地宮

慶莊王墳的地宮格局類似遼簡王墳，采用三券三伏的雙心圓磚券并按十字形平面布局，中軸綫上縱向串聯前室、中室和後室，中室兩旁橫向配置左右側室，地宮入口和各券室間分別設置門洞券，全長一八・〇六米，寬一三・三三米，面積一二〇・七六平方米。其中，券壁全為清水做法，地面鋪墁方磚；入口和左右側室前部都分別安設對開的實榻木門，和遼簡王、寧獻王墳地宮略為不同；後室內，兩側牆和後牆各闢有一個小券洞式的壁龕，中央砌築須彌座式的棺床。

潞簡王墳　河南新鄉市

潞簡王墳位于新鄉市東北五龍崗南麓。所葬朱翊鏐為明穆宗朱載垕第四子，明神宗朱翊鈞的胞弟，三歲時就被封為潞王，後來一直備受恩寵；萬曆四十二年（一六一四年）死在河南衛輝府，謚稱潞簡王，翌年安葬；朱翊鈞御賜《潞簡王壙志》强調『賚予時賜，備極優厚，稱异數云』，墳園建築也遠比其他親王墳隆重，成為明代藩王墳中規模最大、體系最完整的實例。

一八九　潞藩佳城

潞簡王墳背倚五龍崗而循著南北軸綫布

置，格局類似帝陵。南部前導空間順序建有石牌坊、望柱、石像生及神道橋等；北部祭祀區的享堂、明樓、寶城等建築按前朝後寢意向配置，以內門、外門和兩座石牌坊劃分成三進院落。其中，神道南端峙立著題名『潞藩佳城』的三間四柱衝天式石牌坊，兩旁還各襯以石雕望柱，彼此呼應，尺度宜人而刻工精美，具有向上動勢的整體造型顯現出濃烈的仰崇感，有力强化了墳園建築空間序列起點的藝術效果。（徐庭發攝影）

一九〇　神道石像生

神道從牌坊北穿過石像生群和一座三孔石拱橋，直抵墳園外門。外門類似長陵門，稍小却平實凝重，開通三道拱門的青石牆上以石雕冰盤檐承托單檐綠琉璃歇山頂。石像生群規模則冠絶所有藩王墳，包括六對蹲姿异獸，卧姿羊，蹲姿虎、獅、獬豸、麒麟，立姿駱駝、象、馬和控馬官、內官等各一對，組成儀態紛呈、韵律節奏强烈而氣勢宏壯的儀仗隊列。石獸的十四种不同類型，甚至遠遠超過了祖陵的三種、皇陵与顯陵各五種、孝陵和長陵各六種。（徐庭發攝影）

一九一　維岳降靈牌坊

外門內，迎面屹立著刻題『維岳降靈』的石牌坊。安設抱鼓石的四根方柱貫聯大小額枋均雕飾雲龍，錯落有致的單檐屋頂各用碩大的冰盤檐挑出。其中，兩梢間外側為廡殿頂，內側懸山頂緊貼明間石柱；明間廡殿頂正脊中央騰起兩條盤龍，擎托火焰寶珠。對比之下，牌坊下舒展的青石高臺、踏跺以及兩翼青石牆和角門却都不施雕飾，凝練素雅而又寧靜穩重，鮮明映襯出牌坊造型的雍容端莊和華麗飄逸，凸顯出『維岳降靈』境界的崇高和神聖。

一九二　墳園內院

從維岳降靈坊北的墳園中門進入內院，東西廂房各五間，享堂七間，格局類似遜制型帝陵的祾恩門、配殿和祾恩殿。而明顯逾制的是，圍繞石雕欄楯的享堂須彌座臺基前，月臺左右對置覆以單檐攢尖圓亭的圓鼎式大型石雕神帛爐，敷設丹陛的正面踏跺前又立有一對石獅，後檐則仿照定陵開設後門并延出垂帶踏跺。此外，刻有明神宗朱翊鈞等祭文的龍首方趺石碑對峙享堂兩旁，往前還橫列有一對石望柱和五對龍首方趺石碑，碑刻明熹宗朱由校等的祭文。（徐庭發攝影）

一九三　火焰牌坊

享堂北面，東西橫亘的青石牆中央拔起一座兩柱衝天式火焰石牌坊，兩翼襯托小巧玲瓏的青石照壁，下設前出垂帶踏跺的高臺。實際兼容帝陵的陵寢門和二柱門為一體的火焰牌坊，比『潞藩佳城』和『維岳降靈』坊輕靈素雅，戧護抱鼓石的方柱貫聯大小額枋及絛環板，連帶檻框門簪，均不加雕飾；大額枋上則居中兀出荷葉墩和蓮座，騰起火焰寶珠；高出大額枋的柱頭左右伸出雕鏤祥雲和日月圖案的雲版，柱頂須彌座上是朝向火焰寶珠的蹲龍。

一九四　石五供和明樓碑

石五供設在火焰牌坊北面，是明代藩王墳中僅有的實例。和帝陵比較，修長碩大的

圓鼎型香爐、方壺型花瓶和束蓮型燭臺，造型及雕飾都別具一格，香爐頂還雕成下方上圓的重檐攢尖『龍亭』。五供分設束腰圭角石座，橫列在須彌座式的石祭臺南，并沒有安在祭臺上。石五供北面原來仿效帝陵的明樓，在明代藩王墳中也是罕見的；現存高大的石臺和龍首方趺碑，石碑篆額『皇明』，碑身南面鎸大楷『敕封潞簡王之墳』，背面須刻有朱翊鏐的生辰。（徐庭發攝影）

一九五　寶城

和帝陵明樓與寶城連接一體的布局不同，潞簡王墳的寶城獨自兀起在明樓北面，平面為直徑達十四丈的圓形，陡峻的城牆全用白色條石構築，頂部出挑冰盤檐和瓦壟，南面居中開設一道拱門，其中的角柱、券臉、檻框以及門前的垂帶踏跺，都采用青石雕造，造型渾樸簡潔，形象莊重肅穆。此外，在寶城拱門內，西側設有踏跺，旋轉通上封土堆培的寶頂。寶頂周邊填築到同寶城牆頂相平，安放朱翊鏐靈柩的地宮就深深掩蓋在寶頂下面。

一九六　地宮

潞簡王墳地宮以條石砌築雙心圓拱券構成，地面也滿鋪石板，各券室呈十字形平面布置，縱深二十三米，寬一五・〇七米，面積一九八平方米。和遼簡王、寧獻王以及慶莊王墳地宮不同的是，前端一道狹長的甬道取代了前室，中室、後室和左、右側室前部都分別配置門洞券，并安設石雕檻框和門扇。此外，中室還居中設有須彌座式的石祭臺，上陳石雕香爐、花瓶和燭臺，和長陵以來帝陵方城明樓前的石五供同出一轍，在現知明代陵墓地宮中也是僅見的特例。

一九七　地宮

處在地宮盡端的後室進深六・五〇米，

面寬一五・七〇米，面積一〇二平方米，規模雖然不及定陵地宮後殿，也不及面積達二三九平方米的周定王墳地宮主室，然而却遠遠超過了已知的其他所有明代藩王墳地宮。後室中央安設的須彌座式石雕棺床，長七・九五米，寬四・二五米，高〇・四米，則稱冠所有明代藩王墳。明神宗朱翊鈞推重他的胞弟朱翊鏐為『皇室懿親』、『諸藩觀瞻』，營葬事宜則强調『賚予賻賵，備極優厚，稱异數云』，也正由此可見一斑。

靖江王墳　廣西桂林市

有明一代曾建置了上千座郡王墳，以廣西桂林的十一座靖江王墳遺存格局最為完整。永樂六年（一四〇八年）以降，悼僖王朱贊儀、怀順王朱相承、莊簡王朱佐敬、昭和王朱規裕、端懿王朱約麒、安肅王朱經扶、恭惠王朱邦薴、康僖王朱任昌、温裕王朱履燾、憲定王朱任晟、榮穆王朱履祐等十一代靖江王及王室成員都相繼葬在桂林東郊堯山南麓，形成了宏大的王室墳群。其中地面建築格局的典型要屬莊簡王墳，地宮則以安肅王墳、憲定王墳為重要實例。

一九八　靖江莊簡王墳

洪武三年（一三七〇年）朱元璋的侄孫朱守謙受封為靖江王，嗣後其子朱贊儀、孫朱佐敬相繼襲封王位。成化五年（一四六九年）第三代靖江王朱佐敬薨，謚稱莊簡王安葬。遺存格局完整的莊簡王墳園以兩道磚牆圍成回字平面，南端的外門類似楚昭王墳，門外對置值房及石獅，門內望柱和獅、羊、虎、麒麟、馬和控馬官、象、內官等石像生排列在三路神道橋南北；從橋北的內門進入內院，又有女官、宦官等石像生恭列在五間享堂前，堂後隆起墳冢，覆蓋著地宮。

一九九　靖江莊簡王墳石像生

莊簡王墳建築格局和《明會典》記載永樂八年（一四一〇年）有關藩王墳的規定大體吻合，石像生配置則没有典章規定。《明英宗實錄》提到，天順元年（一四五七年）晋莊王朱鍾鉉奏請為曾祖晋恭王、父晋憲王等添設石像生，被工部以『近年各王府墳俱無翁仲石人』回絕。但在這以前如建于洪武二十八年（一三九五年）的秦愍王朱樉墳，永樂六年（一四〇八年）的靖江悼僖王朱贊儀墳，却都立有望柱和石像生；莊簡王墳和後代各靖江王墳，或以此得以循例安設石像生。

二〇〇　靖江憲定王墳望柱

莊簡王以後的各靖江王墳都設有望柱和獅子、獬豸、羊、虎、麒麟、象、馬與控馬官、內官、女官、宦官等石像生，還在墳園內門前對稱建有兩座神道碑和碑亭；獨立的王妃墳和將軍墳，也都設置了少量石像生，成為明代石像生和神道碑絕對數量最多的兆域。其中，望柱和石像生的順序及造型多有差异，如萬曆十八年（一五九〇年）的溫裕王朱履燾墳、萬曆三十七年（一六〇九年）的憲定王朱任晟墳等，望柱就都一改舊制，雕成了形象更為生動的盤龍柱。

本卷圖版攝影除署名者外為：

張振光（五、八、九、一〇、一一、一二、一三、一四、一五、一六、一七、一八、一九、二〇、二一、二二、二三、二四、二五、二六、二八、二九、三〇、三二、三三、三四、三六、三七、三九、四〇、四一、四三、四四、四五、四八、四九、五一、五二、五三、五四、五六、五七、五八、五九、六〇、六一、六六、六七、六八、七四、七五、七六、七七、八六、八八、八九、九〇、九一、九三、九四、九五、九六、九七、九八、一〇二、一〇八、一一二、一一四、一一五、一一六、一一七、一二一、一二二、一二四、一二六、一二九、一三二、一三三、一三五、一三六、一三七、一三八、一四〇、一四一、一四二、一四三、一四四、一四五、一四六、一四七、一四八、一四九、一五〇、一五三、一五四、一五五、一五六、一五七、一五八、一五九、一六三、一六四、一六五、一六六、一六七、一六八、一六九、一七〇、一七一、一七二、一七三、一七四、一七五、一七六、一七七、一七八、一八一、一八二、一八三、一八四、一八五、一八六、一八七、一八八、一九一、一九三、一九五、一九六、一九七、一九九、二〇〇）

王其亭（三、四、六、七、二七、三一、四二、四六、四七、五五、六二、六三、六五、六九、七〇、七一、七二、七三、七八、七九、八〇、八一、八二、八三、八四、八五、八七、九二、一〇八、一一〇、一一一、一一三、一一八、一一九、一二〇、一二三、一二五、一二七、一二八、一三一、一三四、一三九、一五一、一五二、一六〇、一六一、一六二）

中國美術分類全集

中國建築藝術全集

第7卷 明代陵墓建築

圖書在版編目（CIP）數據

中國建築藝術全集. 7,明代陵墓建築／王其亨著.
北京：中國建築工業出版社，2000

（中國美術分類全集）

ISBN 7-112-04240-2

I. 中… II. 何… III. ① 建築藝術－中國－圖集
② 陵墓－建築藝術－中國－明代－圖集 IV. TU-881.2

中國版本圖書館CIP數據核字（2000）第14800號

中國建築藝術全集編輯委員會 編

本卷主編 明十三陵特區辦事處

執行主編 王其亨

出版者 中國建築工業出版社（北京百萬莊）

責任編輯 王伯揚

總體設計 雲 鶴

本卷設計 吴滌生 顧咏梅

印製總監 楊一貴

製版者 北京利豐雅高長城製版中心

印刷者 利豐雅高印刷（深圳）有限公司

發行者 中國建築工業出版社

二〇〇〇年五月 第一版 第一次印刷

書號 ISBN 7-112-04240-2／TU·2706(9038)

國内版定價三五〇圓

版權所有